CATALOGUE

DES

CRUSTACÉS PODOPHTALMAIRES & DES ÉCHINODERMES

RECUEILLIS A CONCARNEAU

durant les mois d'Août-Septembre 1880.

CATALOGUE

DES

CRUSTACÉS PODOPHTALMAIRES

ET DES

ÉCHINODERMES

RECUEILLIS A CONCARNEAU

DURANT LES MOIS D'AOUT-SEPTEMBRE 1880

Par le Dr Théodore BARROIS

Licencié ès-sciences naturelles.

LILLE

IMPRIMERIE L. DANEL

—

1882

CATALOGUE

DES

CRUSTACÉS PODOPHTALMAIRES & DES ÉCHINODERMES

RECUEILLIS A CONCARNEAU

durant les mois d'Août - Septembre 1880.

— ⸸ —

AVANT-PROPOS.

Nous avons déjà exposé, M. de Guerne et moi, dans une note préliminaire (1) les circonstances éminemment favorables qui nous ont permis, durant notre séjour au laboratoire de Concarneau, d'entreprendre une série de dragages non-seulement dans la baie de la Forest, mais encore tout autour des îles Glénans. Sur les instances de M. le professeur Pouchet, M. le Ministre de la Marine voulut bien mettre à notre disposition le cutter de l'État *Le Moustique*, commandant Lefèvre, avec vingt-quatre hommes d'équipage. La petitesse du bâtiment, les moyens d'action insuffisants que nous avions à notre service ne nous ont pas permis de pousser nos investigations au-delà de soixante-dix mètres de profondeur : malgré cela, notre récolte a été des plus fructueuses. C'est le résultat d'une partie de ces recherches que je publie aujourd'hui.

---

(1) *Revue des cours scientifiques*, n° 1, janvier 1881.

Les invertébrés marins qui peuplent le littoral compris entre la frontière espagnole d'une part, et la Loire de l'autre, ont été l'objet de nombreux travaux. M. P. Fischer a étudié la faune du département de la Gironde et des côtes du Sud-Ouest; M. Beltremieux, celle du département de la Charente-Inférieure; M. Piel, celle de l'île de Noirmoutiers; M. Cailliaud enfin, celle du département de la Loire-Inférieure.

Au-delà du fleuve de ce nom, le département du Finistère seul a été exploré par M. Collard des Cherres : encore ce travail date-t-il de 1830.

Encouragé par ces exemples, je me suis décidé à donner un *Catalogue des Échinodermes et des Crustacés Podophthalmaires recueillis dans la baie de Concarneau et les eaux des Glénans* pendant la campagne du *Moustique*. Mon ambition n'est point de dresser une liste complète de ces deux groupes; je crois, au contraire, qu'il reste encore beaucoup à faire, et j'ai voulu seulement donner un aperçu des richesses de la faune du Finistère. En outre, ce catalogue permettra aux naturalistes qui vont à Concarneau dans le but spécial d'étudier l'anatomie ou l'embryogénie d'une espèce, de la trouver sans tâtonnements et sans perte de temps (1).

Le laboratoire de Concarneau est situé dans d'excellentes conditions. A droite et à gauche, les roches granitiques de la côte offrent aux naturalistes, lors des grandes marées, une véritable profusion de formes littorales; un peu plus loin, lorsqu'on peut disposer d'un canot, les îlots de Men-Cren, Men-Fall et Pen-ar-vas-hir

____

(1) Pour la publication de ce travail, j'ai adopté le plan tracé par M. P. Fischer dans ses études sur la faune de la Gironde, qui m'a paru de beaucoup le plus simple et le plus clair tout à la fois.

réservent aux chercheurs plus d'une agréable surprise. Plus loin encore, ce sont les immenses prairies de zòstères de la baie de la Forest, avec leur faune si caractéristique.

Les plages sablonneuses ne manquent point non plus : l'anse de Kersos, le cap Cos, Beg-Meil, l'embouchure des petites rivières de Saint-Jean et de Saint-Laurent sont autant de points intéressants à visiter.

Enfin, à dix-sept kilomètres environ au Sud de Concarneau, se trouve le petit archipel des Glénans, qui offre le plus grand attrait pour l'explorateur; je mentionnerai tout particulièrement l'île du Loch dont les sables blancs contiennent une faune des plus riches et des plus curieuses.

Grâce au *Moustique* et à ses baleinières nous avons pu fouiller tous les points de la côte entre Beg-Meil et le Cabellou, parcourir toutes les îles Glénans, et compléter nos observations par une importante série de dragages. La carte publiée à la fin de ce travail a été dressée par le commandant Lefèvre, qui a relevé avec le plus grand soin les endroits précis où nous jetions la drague. Je dois ajouter que sur cette carte ne sont point reportés les nombreux dragages que nous avons effectués dans la baie de la Forest, dans le port de Concarneau et dans les chenaux des Glénans par des profondeurs au-dessous de dix mètres.

Lille, 10 Novembre 1882.

PREMIÈRE PARTIE.

CRUSTACÉS PODOPHTALMAIRES.

Les Crustacés Podophtalmaires des côtes de France ont été jusqu'à présent l'objet de peu de travaux ; nous ne possédons guère que quelques catalogues locaux, dressés en des points très éloignés les uns des autres.

M. Fischer qui n'a cessé de se livrer avec le plus grand zèle à l'étude de la faune des côtes du Sud-Ouest, a dressé le catalogue des Crustacés Podophtalmaires des départements des Basses-Pyrénées, des Landes et de la Gironde ; M. Beltremieux, celui de la Charente-Inférieure ; M. Piet, celui de l'île de Noirmoutiers (Vendée).

Il faut ensuite, pour trouver quelques documents, remonter jusqu'au Calvados, où M. de Brébisson a publié un *Catalogue méthodique des Crustacés* ; enfin, nous devons à Bouchard-Chantereaux un *Catalogue des Crustacés observés jusqu'à ce jour, à l'état vivant, dans le Boulonnais* (1).

Concarneau constitue une station mixte entre ces points extrêmes ; aussi la liste que nous donnons aujourd'hui, toute incomplète qu'elle puisse être, permettra cependant d'établir d'intéressantes comparaisons, et de suivre la répartition des espèces le long de nos côtes.

Voici, par ordre chronologique, la nomenclature des ouvrages auxquels j'ai eu recours pour les déterminations :

1825. — De Brébisson. *Catalogue méthodique des Crustacés recueillis dans le département du Calvados* (Mém. Soc. Linn. du Calvados).

---

(1) Il est juste toutefois de mentionner une intéressante liste des Crustacés recueillis à Roscoff, publiée par M. Yves Delage à la fin de son travail sur la Circulation des Édriophtalmes marins (Arch. de Zool. exper., t. IX, 1881).

1833. — Bouchard-Chantereaux, *Catalogue des Crustacés observés jusqu'à ce jour, à l'état vivant, dans le Boulonnais.*

1835. — Milne-Edwards, *Histoire des Crustacés* (Suites à Buffon).

1853. — Bell, *Natural History of the Britsh Stalk-eyed Crustacea.*

1863. — Piet, *Recherches sur l'île de Noirmoutiers*, 2ᵉ édition.

1863. — Heller, *Crustacea des Südl-Europa's.*

1864. — Beltremieux, *Faune de la Charente-Inférieure* (Annales de l'Acad. de la Rochelle).

1872. — Fischer. *Crustacés Podophtalmaires et Cirrhipèdes du département de la Gironde et des côtes Sud-Ouest de la France* (Actes de la Soc. Linn. de Bordeaux, t. XXVIII).

1877. *Explorations de la Fosse de Cap-Breton de 1874 à 1876, Catalogue des Crustacés* (Les fonds de la mer. t. III, p. 209).

1877. — Marion, *Catalogue des Crustacés de Marseille* (Les fonds de la mer, t. III, p. 224).

BRACHYURA.

STENORHYNCHUS Lamark.

1. **Stenorhynchus phalangium** Pennant.

Cancer phalangium Pennant, Zool. Brit., vol. IV, pl. ix. fig. 17.

Stenorhynchus phalangium Edwards . Hist. nat. Crust.. t. I, p. 279. — Bell, Brit. Stalk-eyed Crust., p. 2. — Heller, Crust. des Südl. Eur, p. 25.— Beltremieux, faune de la Charente-Inf., p. 56. — Fischer, Crust. Podopht. de la Gironde, p. 4.

Commun dans les prairies de zostères de la baie de la Forest. Assez commun également sur les fonds de sable vaseux, entre 20 et 30 mètres de profondeur.

2. **Stenorhynchus longirostris** Fabricius.

Inachus longirostris Fabricius, Entom. Syst . Suppl., p. 358.

Stenorhynchus longirostris Edwards , Hist. nat. Crust., t. I, p 280. — Heller, Crust. des Südl. Eur., p. 23. — Fischer, Crust. Pod. de la Gironde, p. 5.

Stenorhynchus tenuirostris Bell , Brit. Stalk-eyed Crust.,
p. 6 (?).

Le *S. longirostris* se distingue aisément du *S. phalangium*,
avec lequel il vit d'habitude, grâce à son énorme rostre qui
atteint presque la longueur des antennes.

INACHUS Fabricius.

3. **Inachus scorpio** Fabricius.

> *Cancer scorpio* Fabricius , Ent. syst., t. II, p. 426.
>
> *Inachus dorsettensis* Bell, Brit. Stalk-eyed Crust., p. 13.
>
> *Inachus scorpio* Edwards . Hist. nat. Crust.. t. I, p. 228.
> — Heller. Crust. des Südl. Eur., p. 31. — Beltremieux.
> faune de la Char.-Inf.. p. 56. — Fischer, Crust. Podopht.
> de la Gironde. p. 5.

Cette espèce est moins commune que les précédentes : nous
l'avons généralement draguée par 30 mètres environ de profondeur, sur des fonds de sable vaseux.

PISA Leach.

4. **Pisa tetraodon** Pennant.

> *Cancer tetraodon* Pennant. Zool.. Brit., t. IV. pl. viii.
> fig. 15.
>
> *Pisa tetraodon* Edwards , Hist. nat Crust.. t. I, p. 305.
> — Bell. Brit. Stalk-eyed Crust., p. 22. — Beltremieux,
> faune de la Char.-Inf.. p. 56. — Crust. de la fosse de
> Cap-Breton (Fonds de la mer. t. III, p. 210 .

Nous n'en avons recueilli qu'un seul exemplaire, dans un coup
de senne donné sur la plage sablonneuse de la baie de Saint-
Laurent, par 7 à 8 mètres de profondeur.

MAIA Lamark.

5. **Maia squinado** Herbst.

> *Cancer squinado* Herbst, Versuch, etc., pl. xlvi.

Maia squinado Edwards , Hist. nat. Crust., t. I, p. 327.
— Bell, Brit. Stalk-eyed Crust., p. 39. — Heller, Crust.
des Südl. Eur., p. 49. — Beltremieux, faune de la Char.-
Inf., p. 56. — Fischer, Crust. Pod. de la Gironde , p. 5.

Cette espèce est assez rare à la côte, au milieu des rochers ;
mais on la trouve en grande abondance dans les passes des îles
Glénan par 10 mètres environ de profondeur.

EURYNOME Leach.

6. **Eurynome aspera** Pennant.

Cancer asperus Pennant, Brit. zool., t. IV, p. 13, pl. x .
fig. 3.

Eurynome aspera Edwards. Hist. natur. Crust., t. I,
p. 351 — Bell, Brit. Stalk-eyed Crust., p. 46. — Heller,
Crust. des Südl. Eur., p. 54. — Beltremieux, faune de la
Char.-Inf., p. 56. — Fischer, Crust. Pod. de la Gironde,
p. 6.

L'*E. aspera* est abondante sur les fonds vaseux, entre 15 et
30 mètres de profondeur.

CANCER Linné.

7. **Cancer pagurus** Linné.

Cancer pagurus Linné, Syst. nat., éd. XII, p. 1044. —
Bell, Brit. Stalk-eyed Crust., p. 59. — Heller, Crust. des
Süld. Eur., p. 62. — Beltremieux, faune de la
Char.-Inf., p. 56. — Fischer, Crust. Pod. de la Gironde,
p. 6.

Platycarcinus pagurus Edwards , Hist. nat. des Crust.,
t. I, p. 413.

Commun sur toutes les côtes rocheuses et les îlots de Men-
Cren, Pen-ar-vas-hir, etc...
Nous en avons trouvé un exemplaire d'une taille colossale dans
les sables blancs de l'île du Loch.

PIRIMELA Leach.

8. Pirimela denticulata Montagu.

> *Cancer denticulatus* Montagu . Trans. Linn. Soc., t. IX.
> pl. II, fig. 2.
>
> *Pirimela denticulata* Edwards . Hist. nat. Crust., t. I,
> p. 424. — Bell. Brit. Stalk-eyed Crust., p. 72. — Heller.
> Crust. des Südl. Eur, p. 64. — Fischer. Crust. Pod. de la
> Gironde, p. 6.

Assez rare : baie de la Forest.

XANTHO Leach.

9. Xantho floridus Montagu.

> *Cancer floridus* Montagu . Trans. Lin. soc., t. IX, p. 85,
> pl. II, fig. 1.
>
> *Xantho floridus* Edwards. Hist. nat. des Crust., t. I. p. 394.
> — Bell. Brit. Stalk-eyed Crust., p. 51. — Heller, Crust
> des Südl. Eur., p. 67. — Fischer. Crust. Pod. de la
> Gironde, p. 6.

Fort commun à la côte, sous les rochers.

En outre, nous avons dragué cette espèce jusqu'à la profondeur de 32 mètres, soit sur des fonds sableux, soit sur des fonds vaseux.

10. Xantho rivulosus Risso.

> *Xantho rivulosus* Risso. Hist. nat. de l'Europ. mérid., t. V,
> p. 9. — Edwards. Hist. nat. Crust., t. I, p. 394. — Bell.
> Brit. Stalk-eyed Crustacea, p. 54.—Heller, Crust. des Südl.
> Eur., p.66. — Fischer. Crust. Pod. de la Gironde, p. 7.

Vit généralement dans les mêmes conditions que le précédent.

Le *X. rivulosus* est beaucoup plus rare à Concarneau que le *X. Floridus* : sur les côtes de la Gironde, à mesure qu'on se rapproche de la Méditerranée, c'est le contraire qui a lieu.

M. Beltremieux n'a signalé ni l'une ni l'autre de ces deux

espèces sur les côtes de la Charente-Inférieure. Il est plus que probable pourtant, qu'elles doivent s'y rencontrer (1).

PILUMNUS Leach.

11. **Pilumnus hirtellus** Linné.

Cancer hirtellus Linné, syst. nat., éd. XII, p. 1045.

Pilumnus hirtellus Edwards, Hist. nat. Crust., t. I, p. 417. — Bell., Brit. Stalk-eyed Crust., p. 68. — Heller. Crust. des Südl. Eur., p. 72.— Fischer. Crust. Pod. de la Gironde, p. 7.

Commun à la côte dans la zône des Laminaires, jusqu'à 15 mètres environ.

Nous en avons aussi recueilli un exemplaire dans les sables blancs de l'île du Loch.

CARCINUS Leach.

12. **Carcinus mœnas** Pennant.

Cancer mœnas Pennant, Brit. zool., t. IV, p. 3, pl. iii, fig. 5. — Beltremieux, faune de la Char.-Inf., p. 56.

Carcinus mœnas Edwards. Hist. nat. des Crust., t. I, p. 434. — Bell. Brit. Stalk-eyed Crust., p. 76. — Heller, Crust. des Südl. Eur., p. 91. — Fischer. Crust., Pod. de la Gironde, p. 7.

Le *C. mœnas* est très commun tout le long de la côte, surtout sur les plages sablonneuses.

Il remonte très haut dans la petite rivière du Moro, qui forme le fond du port de Concarneau.

PLATYONYCHUS Latreille.

13. **Platyonychus latipes** Pennant.

Cancer latipes Pennant. Brit. zool., t. IV. pl. i. fig. 4.

---

(1) Ces deux espèces ont été signalées par M. Beltremieux dans son 2ᵉ supplément (1870). supplément que je n'avais pas en main au moment où les lignes ci-dessus ont été écrites.

Platyonychus latipes Edwards , Hist. nat. Crust., t. I.
p. 436. — Beltremieux, faune de la Char.-Inf., p. 57. —
Heller. Crust. des Südl. Eur., p. 93. — Fischer. Crust.
Pod. de la Gironde. p. 7.

Portumnus variegatus Bell, Brit. Stalk-eyed Crust., p. 85.

Assez commun sur les plages sablonneuses.

PORTUNUS Fabricius.

14. **Portunus puber** Linné.

Cancer puber Linné, Syst. nat., éd. XII. p. 1046.

Portunus puber Edwards, Hist. nat. Crust.. t. I. p. 441. —
Bell. Brit. Stalk-eyed Crust.. p. 90. — Heller, Crust
des Südl. Eur., p. 82. — Beltremieux, faune de la Char.-
Inf., p. 57. — Fischer. Crust. Pod. de la Gironde. p. 8.

Commun à la côte sous les roches.
L'*Étrille* descend aussi plus bas , car nous l'avons dragué à
plusieurs reprises entre 15 et 20 mètres de profondeur, sur des
fonds de sable légèrement vaseux.

15. **Portunus corrugatus** Pennant.

Cancer corrugatus Pennant , Brit. zool., t. IV. pl. **v**, fig. 9.

Portunus corrugatus Edwards . Hist. nat. Crust., t. I,
p. 443. — Bell. Brit. Stalk-eyed. Crust.. p. 94. — Beltremieux, faune de la Char.-Inf., p. 57. — Heller, Crust. des
Südl. Eur., p. 86. — Marion, Drag. de Marseille (Fonds
de la mer. t. III, p. 224).

Cette espèce ne paraît pas très commune à Concarneau : nous
ne l'avons rencontrée que dans trois dragages, sur des sables
vaseux, par 19 et 22 mètres de profondeur.
Le *P. corrugatus* est une espèce méditerranéenne ; il a été
signalé cependant à La Rochelle par M. Beltremieux. mais n'a pu
être trouvé par M. Fischer, ni sur les côtes de la Gironde. ni
dans la fosse de Cap-Breton.

16. Portunus depurator Linné.

> *Cancer depurator* Linné, Syst. nat., éd. XII, p. 1043.
> *Portunus plicatus* Edwards , Hist. nat. Crust., t. I, p. 442.
> *Portunus depurator* Bell, Brit. Stalk-eyed Crust., p. 101.
> — Beltremieux, faune de la Char.-Inf., p. 57. — Fischer,
> Crust. Pod. de la Gironde, p. 8. — Heller. Crust. des
> Südl. Eur. p. 83.

Commun par 20 mètres de profondeur environ, sur des fonds
de sable, parfois aussi sur des fonds vaseux.

17. Portunus holsatus Fabricius.

> *Portunus holsatus* Fabricius, Entom syst., Suppl , p. 366.
> — Edwards. Hist. nat. des Crust. t. I, p. 443. — Bell,
> Brit. Stalk-eyed Crust., p. 109.— Heller. Crust. des Südl.
> Eur., p. 85. — Fischer, Crust. Pod. de la Gironde , p. 8.

Cette espèce de *Portunus* est relativement assez rare ; nous
l'avons trouvée, lors d'une grande marée, dans les sables de l'île
du Loch.

La drague nous en a ramené en outre plusieurs exemplaires,
recueillis sur des fonds sableux, entre 7 et 20 mètres.

18. Portunus marmoreus Leach.

> *Portunus marmoreus* Leach, Malac. Brit., pl. viii. —
> Edwards, Hist. nat. Crust., t. I , p. 442. — Bell, Brit.
> Stalk-eyed Crust., p. 109.— Heller, Crust. des Südl. Eur.,
> p. 85. — Fischer, Crust. Pod. de la Gironde, p. 8,

Assez rare. Vit sur des fonds de sable coquillier, entre 20 et
50 mètres.

19. Portunus arcuatus Leach.

> *Portunus arcuatus* Leach , Malac. Brit., pl. vii, fig. 5-6.
> — Bell, Brit. Stalk-eyed Crust., p. 97. — Heller, Crust.
> des Südl. Eur.. p. 88. — Fischer. Crust. Pod. de la
> Gironde, p. 9.
> *Portunus Rondeleti* Edwards, Hist. nat. Crust., t. I, p. 444.
> — Beltremieux. faune de la Char.-Inf., p. 57.

Assez commun de 6 à 20 mètres sur les fonds sableux.

20. **Portunus pusillus** LEACH.

> *Portunus pusillus* Leach, Malac. Brit., pl. IX, fig. 5. —
> Edwards, Hist. nat. Crust., t. I. p. 144. — Bell, Brit.
> Stalk-eyed Crust., p. 112. — Explor. de la fosse de Cap-
> Breton Fonds de la mer. t. III, p. 210,. — Heller, Crust.
> des Südl. Eur., p. 87.

Commun de 15 à 50 mètres sur les fonds sableux et vaseux.

Cette espèce n'avait été signalée dans aucun des Catalogues que nous avons cités ; elle a été mentionnée pour la première fois, à notre connaissance, dans la liste des Crustacés recueillis dans l'exploration de la fosse de Cap-Breton de 1874 à 1876.

GONOPLAX LEACH.

21. **Gonoplax angulata** FABRICIUS.

> *Cancer angulatus* Fabricius. Suppl., p. 341.

> *Gonoplax angulata* Edwards, Hist. nat. Crust., t. II. p. 61.
> — Bell. Brit. Stalk-eyed Crust., p. 130.

Gonoplax bispinosa Beltremieux, faune de la Char.-Inf., p. 57.

Ce décapode paraît assez rare à Concarneau. Nous n'en avons eu entre les mains qu'un seul exemplaire, apporté à l'aquarium du laboratoire par des pêcheurs de homards.

PACHYGRAPSUS STIMPSON.

22. **Pachygrapsus marmoratus** FABRICIUS.

> *Cancer marmoratus* Fabricius. Mantissa, t. I. p. 319.

> *Grapsus varius* Edwards, Hist. nat. Crust., t. II, p. 88. —
> Beltremieux, faune de la Char.-Inf., p. 57.

> *Pachygrapsus marmoratus* Heller, Crust. des Südl. Eur.,
> p. 111. — Fischer, Crust. Pod. de la Gironde, p. 9.

Assez commun sur les côtes granitiques, surtout à la pointe du Cabellou.

PINNOTHERES Latreille.

23. Pinnotheres pisum Linné.

> *Cancer pisum* Linné, Syst. nat., éd. X, p. 628.
>
> *Pinnoteres Mytilorum* Beltremieux , faune de la Char.-Inf., p. 57.
>
> *Pinnotheres pisum* Edwards, Hist. nat. des Crust., t. II, p. 31. — Bell, Brit. Stalk-eyed Crust., p. 121. — Heller, Crust. des Südl. Eur.. p. 117. — Fischer , Crust. Pod. de la Gironde, p. 10.

Assez commune dans *Mytilus edulis*, *Cardium edule*, *Tapes pullastra*, etc..., mais surtout dans les valves du premier de ces mollusques.

EBALIA Leach.

24. Ebalia Cranchii Leach.

> *Ebalia Cranchii* Leach, Zool. Miscell. t. III, p. 20. — Edwards, Hist. nat. Crust., t. II, p. 129. — Bell, Brit. Stalk-eyed Crust. p. 148. — Heller, Crust. des Südl. Eur., p. 127. — Fischer, Crust. Pod. de la Gironde, p. 10.

Cette espèce vit sur des fonds de sable coquillier, entre 25 et 55 mètres.

L'extension en profondeur de l'*E. Cranchii* doit être plus grande encore. car. sur les côtes de la Gironde, M. Fischer l'a dragué par 250 brasses.

25. Ebalia Bryerii Leach.

> *Ebalia Bryerii* Leach, Malac. Brit., pl. xxv, fig. 12-13. — Bell, Brit. Stalk-eyed Crust.. p. 145. — Marion, Drag. de Marseille Fonds de la mer. t. III. p. 225).— Heller, Crust. des Südl. Eur., p. 124. — Edwards, Hist. nat. Crust., t. II, p. 129.

Assez rare entre 15 et 40 mètres sur des fonds de sable co quillier.

26. Ebalia Pennantii Leach.

> *Ebalia Pennantii* Leach, Malac. Brit., pl. xxv, fig. 1-6. —
> Edwards, Hist. nat. Crust., t. II, p. 129. — Bell, Brit-
> Stalk-Eyed Crust., p. 141. — Explor. de la fosse de Cap.
> Breton (Fonds de la Mer, t. III. p. 210). — Heller, Crust.
> des Südl. Eur., p. 128.

Des trois espèces d'*Ebalia* que nous avons recueillies, celle-ci
est de beaucoup la plus commune.

Ainsi que les précédentes. elle vit sur des fonds de sable coquillier, entre 15 et 50 mètres de profondeur.

ATELECYCLUS Leach.

27. Atelecyclus cruentatus Desmarest.

> *Atelecyclus cruentatus* Desmarest, Considér. sur les Crus-
> tacés, p. 89. — Edwards, Hist. nat. Crust.. t. II, p. 142.
> — Heller. Crust. des Südl. Eur. p. 132. — Beltremieux,
> faune de la Char.-Inf.. p. 57. — Fischer. Crust. Pod. de
> la Gironde, p. 11.

Assez commun dans les sables blancs de l'île du Loch.

28. Atelecyclus heterodon Leach.

> *Atelecyclus heterodon* Leach, Malac. Brit., pl. ii. —
> — Edwards. Hist. nat Crust., t. II, p. 143. — Bell. Brit.
> Stalk-eyed Crust., p. 153 — Heller. Crust, des Südl.
> Eur.. p. 133.

Cette espèce vit avec la précédente, enfoncée dans les sables
blancs de l'île du Loch. à l'extrême limite du balancement des
marées.

CORYSTES Latreille.

29. Corystes dentatus Fabricius.

> *Albunea dentata* Fabricius, Entom. Syst. Suppl., p. 398.
>
> *Corystes dentatus* Edwards, Hist. nat. Crust., t. II, p. 148.
> — Heller. Crust. des Südl. Eur., p. 136. — Beltremieux,

faune de la Char.-Inf., p. 57. — Fischer, Crust. Pod. de la
Gironde, p. 11.

Corystes Cassivelaunus Bell , Brit. Stalk-eyed Crust.,
p. 159.

Habite la baie de la Forest, par 5 à 10 mètres de profondeur.

ANOMOURA.

DROMIA Fabricius.

30. Dromia vulgaris Edwards.

Dromia vulgaris Edwards, Hist. nat. Crust., t. II, p. 173.
— Bell, Brit. Stalk-eyed Crust., p. 369. — Heller, Crust.
des Südl. Eur., p. 145. — Beltremieux, faune de la Char.-
Inf., p. 57. — Fischer, Crust. Pod. de la Gironde, p. 11.

Assez rare à Concarneau. Vit sur les fonds rocheux, par 20 et
30 mètres de profondeur, d'où les pêcheurs de homards en
ramènent parfois en retirant leurs *casiers*.

PAGURUS Fabricius.

31. Pagurus Bernhardus Linné.

Cancer Bernhardus Linné, Syst. nat., éd. XII, p. 1049.

Pagurus Bernhardus Edwards, Hist. nat. Crust., t. II,
p. 215. — Bell, Brit. Stalk-eyed Crust., p. 171. — Beltremieux, faune de la Char.-Inf., p. 58. — Fischer, Crust.
Pod. de la Gironde, p. 12.

Eupagurus Bernhardus Heller, Crust. des Südl. Eur.,
p. 160.

Commun à la côte, mais descend jusqu'à 20 et 30 mètres.
Habite diverses espèces de coquilles de gastéropodes, surtout
celles de *Buccinum undatum*.

32. Pagurus Prideauxi Leach.

Pagurus Prideauxi Leach, Malac. Brit. pl. xxvi, fig. 5-6.

— Edwards, Hist. nat. Crust,, t. II, p. 216. — Bell, Brit. Stalk-eyed Crust., p. 173. — Fischer, Crust. Pod. de la Gironde. p. 12.

Eupagurus Prideauxi Heller. Crust. des Südl. Eur., p. 161.

Vit entre 5 et 30 mètres de profondeur, sur des fonds de sable graveleux.

Le *P. Prideauxi* habite ordinairement des coquilles de *Nassa* ou de *Trochus*.

33. **Pagurus Hyndmanni** THOMPSON.

Pagurus Hyndmanni Thompsen. Rep. on the Fauna of Ireland. (Brit. assoc.. 1843. p. 267). — Bell . Brit. Stalk-eyed Crust., p. 182.— Fischer. Crust. Pod. de la Gironde. p. 12.

Un seul exemplaire trouvé dans une coquille de *Chænopus pes-pelicani*. par 32 mètres de profondeur, sur un fond de sable coquillier (Voir la carte, 1er drag. du 29 août.

34. **Pagurus laevis** THOMPSON.

Pagurus laevis Thompson. Rep. on the Fauna of Ireland. p 267.— Bell, Brit. Stalk-eyed Crust.. p. 184. — Fischer, Crust. Pod. de la Gironde. p. 12.

Deux exemplaires recueillis l'un à la côte. dans une coquille de *Purpura lapillus*. l'autre par 50 mètres de profondeur. sur un fond de sable coquillier. dans une coquille de *Murex erinaceus*.

35. **Pagurus cuanensis** THOMPSON.

Pagurus cuanensis Thompson. Rep. on the Fauna of Ireland. p. 267. — Bell, Brit. Stalk-eyed Crust.. p. 178. — Fischer. Crust. Pod. de la Gironde , p. 12.

Trois exemplaires, dans des coquilles de *Murex erinaceus*. dragués par 60 mètres de profondeur, sur un fond de sable coquillier Voir la carte, 10e drag. du 2 sept.].

36. **Pagurus misanthropus** Risso.

Pagurus misanthropus Risso, Hist. nat. Eur. mérid., t. V,
  p. 41. — Edwards, Hist. nat. Crust., t. II, p, 228. —
  Fischer, Crust. Pod. de la Gironde, p. 13.
Clibanarius misanthropus Heller, Crust. des Südl. Eur.,
  p. 177.

Pagurus oculatus Edwards, Hist. nat. Crust., t. II, p. 226.

Très commun à la côte dans les coquilles de *Littorina neri-
toïdes*.

PORCELLANA Lamarck.

37. **Porcellana platycheles** Pennant.

Cancer platycheles Pennant, Zool. Brit., t. IV, pl. vi, fig. 12.

Porcellana platycheles Edwards, Hist. nat. Crust., t. II,
  p. 255. — Bell, Brit Stalk-eyed Crust., p. 190. — Heller,
  Crust. des Südl. Eur., p. 185. — Beltremieux, faune de la
  Char.-Inf., p. 58. — Fischer, Crust. Pod. de la Gironde,
  p. 14.

Très commune à la côte sous les pierres et les roches.

38. **Porcellana longicornis** Pennant.

Cancer longicornis Pennant, Zool. Brit., t. IV, pl. i, fig. 3

Porcellana longicornis Edwards, Hist. nat. Crust., t. II,
  p. 257. — Bell, Brit. Stalk-eyed Crust., p. 193. — Heller,
  Crust. des Südl. Eur., p. 186. — Beltremieux, faune de la
  Char.-Inf., p. 58. — Fischer, Crust. Pod. de la Gironde,
  p. 14.

Commune depuis la côte jusqu'à 35 mètres de profondeur, surtout sur les fonds de sable.

MACROURA.

GALATHEA Fabricius.

39. **Galathea strigosa** Linné.

Cancer strigosus Linné, Syst. nat.. éd, XII, p. 1053.

Galathea strigosa Edwards, Hist. nat. Crust., t. II, p. 273.
Bell, Brit. Stalk-eyed Crust.. p. 200. — Beltremieux,
faune de la Char.-Inf., p. 58. — Fischer. Crust. Pod. de
la Gironde. p. 14.— Heller, Crust. des Südl. Eur., p. 189.

Cette espèce est assez commune sous les rochers, lors des
grandes marées.

Nous l'avons aussi draguée entre 2 et 15 mètres de profondeur. près de la côte.

40. **Galathea Squamifera** Leach.

Galathea squamifera Leach, Malac. Brit., pl. xxviii. —
Edwards. Hist. nat. Crust., t. II. p. 275 — Bell, Brit.
Stalk-eyed Crust.. p. 197. — Heller, Crust. des Südl.
Eur., p. 190.— Fischer, Crust. Pod. de la Gironde, p. 15.

Commune sur les fonds de sable vaseux. par 20 à 40 mètres de
profondeur.

41. **Galathea Giardii** Th. Barrois.

Outre les deux espèces que je viens de citer. nous avons
dragué à maintes reprises une petite *Galathea*, d'une longueur
totale de 20 à 25 millimètres, commune sur les fonds de sable
coquillier entre 10 et 40 mètres de profondeur (Un exemplaire a
même été recueilli par 52 mètres). La couleur est d'un rouge
assez vif, rehaussé de tâches bleues.

J'avais d'abord pensé qu'il ne s'agissait que d'un état jeune ou
d'une forme abyssale d'une des deux espèces précitées : mais un
examen plus approfondi m'a porté à croire que je me trouvais en
face d'une espèce nouvelle.

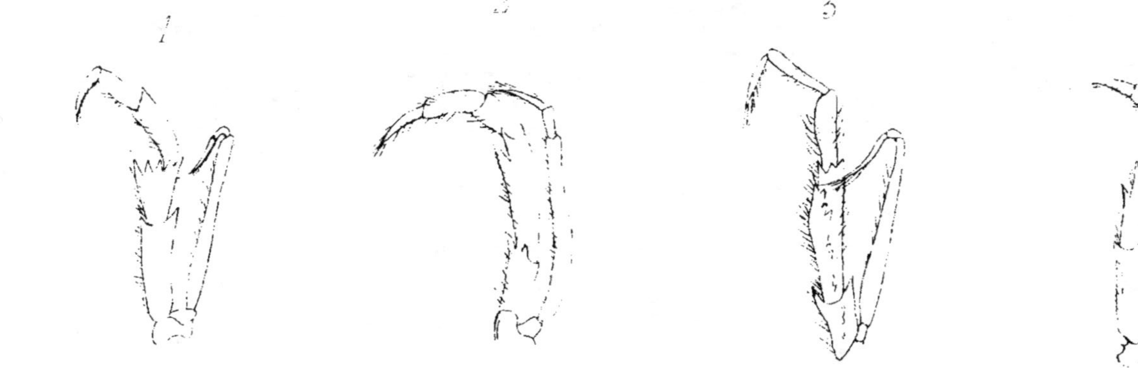

Pattes-mâchoires externes des différentes espèces de *Galathea* :

1. *Galathea squamifera*. 2. *Galathea Giardii*. 3. *Galathea nexa*. 4. *Galathea strigosa*.

Les *Galathea* de nos régions peuvent se diviser en deux grands groupes ; 1° celles dont le 3ᵉ article des pattes - mâchoires externes est plus long que le second (exemple *G. squamifera*, fig. 1) ; 2° celles dont le 3ᵉ article des pattes-mâchoires externes est plus court que le second (exemple , *G. nexa* et *G. strigosa*, fig. 3 et 4). La *G. Giardii* appartient à ce dernier groupe.

La *G. Giardii* se rapproche beaucoup au premier abord de la *G. nexa* par l'absence d'épines sur le propodos et le carpe de la 1ʳᵉ paire de pattes, aussi bien que par les deux petites dents situées sur le thorax, à la base du rostre. Un simple coup-d'œil suffit toutefois pour s'assurer que les pattes-mâchoires (1) externes de ces deux espèces diffèrent considérablement l'une de l'autre (voy. fig. 2. et 3).

D'autre part, les pattes-mâchoires externes de la *G. Giardii* ont une grande ressemblance avec celles de la *G. strigosa* (fig. 4), à cause des deux longues dents aigües qu'elles portent sur leur 2ᵉ article : elles s'en distinguent cependant par les deux fortes épines, suivies d'une troisième beaucoup plus petite, qui arment le rebord supérieur du 1ᵉʳ article (fig. 2). De plus, la *G. Giardii* est dépourvue de ces épines répandues en si grand nombre sur toute la surface des pattes ambulatoires de la *G. strigosa*.

Je dédie cette espèce à M. le professeur Giard, en le priant d'accepter mes meilleurs remerciements pour la bienveillance avec laquelle il a mis à ma disposition les Crustacés et les Echinodermes qu'il avait recueillis durant ses divers séjours à Concarneau.

SCYLLARUS Fabricius.

42. **Scyllarus arctus** Linné.

Cancer arctus Linné, Syst. nat., éd. XII, p. 1053.

---

(1) Les figures 1, 3 et 4 sont copiées d'après Heller, *Crustacea des Südliches Europa*, dont les dessins sont fort soignés. J'ai consulté aussi Kinahan, *On the Britannic species of Crangon and Galathea* ; Dublin, 1862.

Scyllarus arctus Edwards , Hist. nat. Crust., t. II , p. 282.
— Heller, Crust. des Süd. Eur., p. 195. — Sp. Bate , List
of the Brit. mar. Invert. Fauna , 1861. — Beltremieux ,
faune de la Char.-Inf., p. 58. — Fischer, Crust. Pod. de
la Gironde, p. 15.

Rare sur les côtes de Concarneau. De même que pour le
Dromia vulgaris, nous n'en avons eu un exemplaire que grâce
aux pêcheurs de homards.

Le *Scyllarus arctus* avait échappé à l'attention de sir Th. Bell
lorsqu'il dressa son Catalogue des Crustacés Podophtalmaires de
la Grande-Bretagne ; il a été signalé depuis par Spence Bate.

PALINURUS Fabricius.

43 Palinurus vulgaris Latreille.

Palinurus vulgaris Latreille, Ann. du Museum, t. III,
p. 391. — Edwards , Hist. nat. Crust. , t. II , p. 292. —
Bell, Brit. Stalk-eyed Crust., p. 213. — Heller, Crust. des
Südl. Eur., p. 199. — Beltremieux , faune de la Char.-
Inf., p. 58. — Fischer, Crust. Pod. de la Gironde, p. 15.

Commun sur toutes les côtes rocheuses.

CALLIANASSA Leach.

44. Callianassa subterranea Montagu.

Cancer subterraneus Montagu, Trans. Linn. Soc., t. IX,
pl. III, fig. 1-2.

Callianassa subterranea Edwards, Hist. nat. Crust., t. II ,
p. 309. — Bell, Brit. Stalk-eyed Crust., p. 217. — Heller,
Crust. des Südl. Eur., p. 202. — Fischer, Crust. Pod. de
la Gironde, p. 15.

Cette curieuse espèce, assez rare du reste, se trouve plus abondamment que partout ailleurs dans les sables de l'île du Loch.

GEBIA Leach.

45. Gebia deltura Leach.

Gebia deltura Leach , Malac. Brit., pl. xxxi , fig. 9-10. — Edwards, Hist. nat. Crust., t. II, p. 314.— Marion, Crust. de Marseille (Fonds de la mer. t. III. p. 226). — Bell. Brit. Stalk-eyed Crust., p. 225.

Habite les plages sablonneuses de l'anse de Kersos , du cap Cos , de l'île du Loch.

HOMARUS M. Edwards.

46. Homarus vulgaris Edwards.

Homarus vulguris Edwards, Hist. nat. Crust., t. II, p. 334. Bell, Stalk-eyed Crust.; p. 242. — Heller, Crust des Südl. Eur., p. 219. — Fischer, Crust. Pod. de la Gironde, p. 16.

Astacus marinus Beltremieux , faune de la Char.-Inf., p. 58.

Commun sur tous les fonds rocheux.

NEPHROPS Leach.

47. Nephrops Norwegicus Linné.

Cancer Norwegicus Linné, Syst. nat., éd. XII, p. 1058.

Nephrops Norwegicus Edwards, Hist. nat. Crust., t. II, p. 336. — Bell, Brit. Stalk-eyed Crust., p. 251. — Heller, Crust. des Südl Eur., p. 220. — Fischer, Crus. Pod. de la Gironde, p. 16.

Assez rare par 20 à 30 mètres sur les fonds de roches. La plupart des exemplaires que nous avons entre les mains provenaient des pêcheurs de homards.

Entre le Finistère et la Gironde (Fischer). je dois citer une localité dans laquelle j'ai pu constater la présence du *Nephrops Norwegicus :* c'est le Pouliguen, dans la Loire-Inférieure, où M. J. Prié l'a recueilli assez abondamment.

CRANGON Fabricius.

48. Crangon vulgaris Fabricius.

Crangon vulgaris Fabricius. Entom. Syst.. Suppl.. p. 410.
— Edwards, Hist. nat. Crust., t. II. p. 341. — Bell. Brit.
Stalk-eyed Crust., p. 256. — Heller. Crust. des Südl. Eur.,
p. 226. — Beltremieux, faune de la Char.-Inf.. p. 58. —
Fischer, Crust. Pod. de la Gironde, p. 16.

Commun sur toutes les côtes, principalement sur les plages
sablonneuses.

49. Crangon sculptus Bell.

Crangon sculptus Bell, Brit. Stalk-eyed Crust., p. 263. —
Kinahan, On the Brit. Sp. of Crangon and Galathea. p. 78.
— Heller. Crust. des Südl. Eur., p. 228.

Un seul exemplaire dragué sur la plage sablonneuse qui avoi-
sine l'embouchure de la rivière de Saint-Laurent. par quelques
mètres de profondeur.

Cette belle espèce décrite pour la première fois en Angleterre
par Sir Th. Bell. et retrouvée dans la Méditerranée par Heller,
n'a été signalée sur aucune des listes que j'ai eues entre les
mains. Sa présence à Concarneau permet de relier entre elles
deux stations aussi éloignées que celles que nous venons de
citer.

PALAEMON Fabricius.

50. Palaemon serratus Pennant.

Astacus serratus Pennant. Zool. Brit., t. IV. p. 19, pl. xvi,
fig. 28.

Palaemon serratus Edwards, Hist. nat. Crust., t. II.
p. 389. — Bell, Brit. Stalk-eyed Crust., p. 302. —
Heller, Crust. des Südl. Eur., p. 263. — Beltremieux.
faune de la Char.-Inf., p. 59. — Fischer, Crust. Pod. de la
Gironde, p. 18.

Commun sur toute la côte.

51. **Palaemon squilla** Linné.

> *Cancer squilla* Linné, Syst nat., éd. XII. p. 1051.
>
> *Palaemon squilla* Bell, Brit. Stalk-eyed Crust.. p. 305. — Heller, Crust. des Stüdl. Eur., p. 267. — Beltremieux, faune de la Char.-Inf., p. 59. — Fischer, Crust. Pod. de la Gironde, p. 19.
>
> *Palaemon antennarius* Edwards, Hist. nat. Crust., t. II. p. 391.

Habite communément avec le précédent.

VIRBIUS Stimpson.

52. **Virbius viridis** Otto.

> *Alpheus viridis* Otto, Nov. Act. Acad.Leop. Carol., t. XIV, pl. xx, fig. 4.
>
> *Hippolyte viridis* Edwards, Hist. nat. Crust., t. II, p. 372
>
> *Virbius viridis* Heller, Crust. des Südl. Eur., p. 286. — Fischer, Crust. Pod. de la Gironde, p. 20.

Assez commun par 4 à 5 mètres dans les prairies de zostères.

53. **Virbius varians** Leach.

> *Hippolyte varians* Leach, Malac. Brit., pl. xxxviii, fig. 6.-16. — Edwards, Hist. nat. Crust., t. II. p. 371. — Bell, Brit. Stalk-eyed Crust., p. 286.
>
> *Virbius varians* Heller, Crust. des Südl. Eur., p. 288. — Fischer, Crust. Pod. de la Gironde, p. 20.

Assez commun dans les zostères, mêlé avec l'espèce précédente.

Nous en avons aussi dragué deux exemplaires sur des fonds de sable fin, par 17 mètres de profondeur.

HIPPOLYTE Leach.

54. **Hippolyte Cranchii** Leach.

Hippolyte Cranchii Leach. Malac. Brit. pl. xxxviii,
fig. 17-21. — Edwards, Hist. nat. Crust., t. II, p. 376. —
Bell. Brit. Stalk-eyed Crust.. p. 288. — Heller. Crust. des
Südl. Eur., p. 283. — Fischer. Crust. Pod. de la Gironde,
p. 21.

Hippolyte crassicornis Edwards, Hist. nat. Crust., t. II,
p. 375.

Commun dans les prairies de zostères.
Quelques-uns de nos exemplaires ont été recueillis sur un fond
de sable vaseux, par 20 à 22 mètres de profondeur.

55. **Hippolyte Thompsoni** Bell.

Hippolyte Thompsoni Bell. Brit. Stalk-eyed Crust., p. 290.
Yves Delage. Crust. de Roscoff (Arch. Zool. expér., t. IX.
1881.).

Deux exemplaires recueillis par 2 ou 3 mètres sur le sable de
la petite baie de Saint-Laurent : deux autres dragués par 25
mètres sur un fond de vase verte argileuse.

56. **Hippolyte Prideauxiana** Leach.

Hippolyte Prideauxiana Leach. Malac. Brit.. pl. xxviii.
fig. 1. 3. 4, 5. — Edwards, Hist. nat. Crust., t. II.
p. 372.

Hippolyte Moorii Edwards. Hist. nat. Crust., t. II, p. 372.

Assez rare. dans les zostères.

ATHANAS Leach.

57. **Athanas nitescens** Leach.

Palaemon nitescens Leach. Encycl. Edimb., t. VII, p. 401.

Athanas nitescens Edwards , Hist. nat. Crust., t. II , p. 366.
— Bell, Brit. Stalk-eyed Crust., p. 281. — Heller, Crust.
des Südl. Eur., p. 281. — Beltremieux, faune de la Char-
Inf., p. 58. — Fischer, Crust. Pod. de la Gironde, p. 21.

Assez commun sur les plages sablonneuses par quelques mètres
de profondeur.

CONSIDÉRATIONS GÉNÉRALES.

Ainsi qu il résulte de la liste qu'on vient de lire, le nombre des
espèces de Crustacés Podophtalmaires de Concarneau est de 57.

Si l'on ajoute à ce chiffre les 9 espèces suivantes, recueillies
par M. Yves Delage à Roscoff et qu'on retrouvera selon toute
probabilité à Concarneau, on arrivera pour le département du
Finistère à un chiffre total de 66 espèces. Voici les noms de ces
Crustacés :

Inachus Dorhynchus Leach.
Pisa Gibbsii Leach.
Hyas coarctatus Leach.
Polybius Henslowii Leach.
Thia polita Leach.
Axius styrhynchus Leach.
Nika edulis Risso.
Nebalia Geoffroyi Edwards.
Squilla Desmaresti Risso.

Le Catalogue de M. Fischer (Gironde) est de beaucoup le plus
riche : il comprend 73 espèces marines ; viennent ensuite les
listes de MM. Yves Delage (Roscoff), avec 48 espèces ; Beltremieux (Charente-Inférieure). avec 46 espèces ; Bouchard-Chantereaux (Boulonnais), avec 30 espèces ; de Brébisson enfin (Calvados), avec 27 espèces. On voit que notre Catalogue, tout
incomplet qu'il est, tient encore la seconde place.

De ces 57 espèces, 47 sont communes aux côtes de la Méditerranée et à celles d'Angleterre ; ce sont :

Stenorhynchus phalangium.
S. longirostris.
Inachus scorpio.
Pisa tetraodon.
Maia squinado.
Eurynome aspera.
Cancer pagurus.
Pirimela denticulata.
Xantho floridus.
X. rivulosus.
Pilumnus hirtellus.
Carcinus mœnas.
Platyonychus latipes.
Portunus puber.
P. corrugatus.
P. depurator.
P. holsatus.
P. marmoreus.
P. arcuatus.
P. pusillus.
Gonoplax angulata.
Pinnotheres pisum.
Ebalia Pennantii.
E. Bryeri.

Ebalia Cranchii.
Atelecyclus heterodon.
Corystes dentatus.
Dromia vulgaris.
Pagurus Bernhardus.
P. Prideauxi.
Porcellana platycheles.
P. longicornis.
Galathea strigosa.
G. squamifera.
Palinurus vulgaris.
Scyllarus arctus.
Gebia deltura.
Callianassa subterranea.
Homarus vulgaris.
Nephrops norvegicus.
Crangon vulgaris.
C. sculptus.
Palæmon serratus.
P. squilla.
Hippolyte Cranchii.
H. varians.
Athanas nitescens.

5 espèces, parmi les 57 que nous avons recueillies, vivent dans les mers d'Angleterre et ne se retrouvent point dans la Méditerrannée ; ce sont :

Pagurus cuanensis.
P. lævis.
P. Hyndmanni.

Hippolyte Thompsoni.
H. Prideauxiana.

4 espèces seulement appartiennent aux formes méditerranéennes, et n'ont point été signalées en Angleterre :

Pachygrapsus marmoratus.
Atelecyclus cruentatus.

Hippolyte viridis
Pagurus misanthropus.

Une espèce enfin est complètement nouvelle la *Galathea Giardii.*

J'ai dressé ci-après un tableau de la répartition horizontale des Crustacés Podophtalmaires depuis la Méditerranée jusqu'à la Grande-Bretagne, tableau qui permettra de suivre le développement des espèces le long de nos côtes océaniques (1).

---

(1) La liste des Crustacés Podophtalmaires de la Gironde et des côtes du Sud Ouest a été dressée non-seulement d'après le travail de M. Fischer, mais encore eu tenant compte des résultats obtenus dans les dragages de la fosse de Cap-Breton (Fonds de la mer, t. III). Pour les Crustacés d'Angleterre, j'ai consulté, outre Sir Th. Bell, le catalogue dressé par Sp. Bate.

TABLEAU COMPARATIF DES CRUSTACÉS PODOPHTALMAIRES

recueillis en divers points de la côte française.

DEPUIS LA MÉDITERRANÉE JUSQU'A LA GRANDE-BRETAGNE.

	Méditerranée.	Gironde et côtes Sud-Ouest.	Charente-Inférieure.	Roscoff (Finistère).	Calvados.	Boulonnais.	Angleterre.
Stenorhynchus phalangium Pennant.	+		+	+	+		+
S. longirostris Fabricius....	+	+	+			+	+
Inachus scorpio Fabricius	+	+	+	+		+	+
Pisa tetraodon Pennant.............			+	+	+		+
Maia squinado Herbst.............	+	+	+	+	+	+	+
Eurynome aspera Pennant	+		+	+		+	+
Cancer pagurus Linné		+		+	+	+	+
Pirimela denticulata Montagu				+		+	+
Xantho floridus Montagu...........	+	+	+	+			+
X. rivulosus Risso	+	+	+	+			+
Pilumnus hirtellus Linné...........	+	+	+	+	+		+
Carcinus mœnas Pennant	+	+	+	+	+	+	+
Platyonychus latipes Pennant.......	+	+	+		+	+	+
Portunus Puber Linné	+	+	+	+	+	+	+
P. corrugatus Pennant	+		+	+			+
P. depurator Linné................	+		+				+
Portunus holsatus Fabricius	+				+	+(1)	+
P. marmoreus Leach	+	+				+	+
P. arcuatus Leach	+	+	+		+		+
P. pusillus Leach	+	+		+			+
Gonoplax angulata Fabricius........	+		+				+
Pachygrapsus marmoratus Fabricius.	+		+	+			
Pinnotheres pisum Linné...........			+	+	+	+	+
Ebalia Cranchii Leach		+		+			+
E. Bryerii Leach	+			+			+
E. Pennantii Leach...............	+	+		+			+

(1) Non cité dans le catalogue de Bouchard-Chantereaux, mais assez commun à Wimereux.

	Méditerranée.	Gironde et côtes Sud-Ouest.	Charente-Inférieure.	Rosroff (Finistère).	Calvados.	Boulonnais.	Angleterre.
Atelecyclus cruentatus Desmarest....	+	+	+				
A. heterodon Leach	+			+			+
Corystes dentatus Fabricius..........	+	+	+	+		+	+
Dromia vulgaris Edwards...........	+	+	+		+	+	+
Pagurus Bernhardus Linné..........	+	+	+	+	+	+	+
P. Prideauxi Leach.	+	+		+			+
P. Hyndmanni Thompson....		+		+			+
P. laevis Thompson		+					+
P. cuanensis Thompson............		+		+			+
P. misanthropus Risso	+	+	+				
Porcellana platycheles Pennant	+	+	+	+	+	+	+
P. longicornis Pennant...............	+	+	+	+	+	+	+
Galathea strigosa Linné...	+	+	+	+	+	+	+
G. squammifera Leach	+	+		+	+		+
G. Giardii Barrois.................							
Scyllarus arctus Linné	+	+	+	+			+
Palinurus vulgaris Latreille.........	+	+	+	+	+		+
Callianassa subterranea Montagu....	+	+	+	+		+(1)	+
Gebia deltura Leach.................	+			+		+	+
Homarus vulgaris Edwards...........	+	+	+	+	+	+	+
Nephrops Norvegicus Linné	+	+	+				+
Crangon vulgaris Fabricius..........	+	+	+	+	+	+	+
C. sculptus Bell	+						+
Palaemon serratus Pennant	+	+	+	+	+	+	+
P. squilla Linné....................	+	+	+		+		+
Virbius viridis Otto	+	+	+				
V. varians Leach...................	+	+	+	+			+
Hippolyte Cranchii Leach	+	+				+	+
H. Thompsoni Bell.................				+			+
H. Prideauxiana Leach							+
Athanas nitescens Leach.............	+	+	+	+	+		+

(1) Même observation que pour le *Portunus holsatus.*

SECONDE PARTIE.

ÉCHINODERMES.

Les Échinodermes ont été de tout temps l'objet de nombreux travaux; aussi la bibliographie en est-elle longue et difficile. Voici, par ordre chronologique. la liste des principaux ouvrages que j'ai consultés :

1830. — Collard des Cherres . *Catal. des Testacés marins du département du Finistère. principalement des côtes de Brest* (Act Soc. Linn. Bordeaux, t. IV).

1832. — Des Moulins , *Catal. descrip. des Stellérides viv. et foss. de la Gironde* (Act. Soc. Linn. Bordeaux, t. V et VI).

1841. — Forbes , *History of British Starfish and other animals of the class Echinodermata*, London.

1842. — Müller et Troschel . *System der Asteriden.*

1844. — Düben et Koren , *Ofeersigt of Skandinaviens Echinodermer.*

1847 — Agassiz et Desor, *Catalogue raisonné des Échinodermes.*

1857. — Sars , *Bidrag til Kundskaben om Middelhavets Littoral-Fauna.*

1861. — Sars , *Oversigt of Norges Echinodermer.*

1862 — Dujardin et Hupé. *Histoire naturelle des Zoophytes Echinodermes.*

1863. — Piet . *Recherches sur l'île de Noirmoutiers*, 2e édition.

1864. — Beltremieux. *Faune de la Charente-Inférieure* (Annales de l'Acad. de la Rochelle)

1865. — Cailliaud, *Catalogue des Radiaires, des Annélides. des Cirrhipèdes et des mollusques marins. terrestres et fluviatiles recueillis dans le département de la Loire-Inférieure*

1868. — Heller, *Die Zoophyten and Echinodermen des Adriatisches Meeres.*

1870. — Fischer. *Bryozoaires. Échinodermes et Foraminifères marins du département de la Gironde et des côtes du Sud-Ouest de la France* (Act. de la Soc. Linn. de Bordeaux. t. XXVII).

Quant aux ouvrages particuliers et spéciaux. je les citerai au fur et à mesure que l'occasion s'en présentera.

ORDO I.

CRINOIDÆ J. Müller.

COMATULA Lamarck.

1. Comatula Mediterranea Lamarck.

Comatula Mediterranea Lamarck, Hist. nat. des anim. sans
vert., éd. I, t. II, p. 535. — Heller, Zooph. und Echin. des
Adriat. Meeres. p. 51. — Fischer, Bryoz., Echin. et Foram. de la Gironde, p. 31. — Dujardin et Hupé. Echin,
p. 198.

Comatula rosacea Forbes, Brit. Starf., p. 5.

Comatula europœa Sars, Middel. Litt. Fauna, p. 72.

Comatula brachiolata Beltremieux . Faune de la Char.-Inf.,
p. 90.

Assez commune dans les grandes marées sur les roches de
Men-Cren.

ORDO II.

OPHIURIDÆ, Müller et Troschel [1].

OPHIOTHRIX Muller et Trochel.

1. Ophiothrix fragilis O. F. Muller.

Asterias fragilis Muller. Zool. Dan. p. 28, pl. xcviii

Ophiura fragilis Lamarck. Hist. nat. anim. sans vert. éd. I,
t. II, p. 546. — Beltremieux, Faune de la Char.-Inf.,
p. 90.

---

[1] Voyez Lyman, *illustrated catal. of the Museum of compar. Zool.*, at
Harvard college, *Ophiuridæ and Astrophytidæ*, 1865. — Ljungmann, *Ophiurid
vivent. huc usque cognita enumer.*, Ofversigt of Kongl. Vetensk. Akad.
Forhandl., 1866.

Ophiothrix fragilis Dujardin et Hupé . Echinod.. p. 279. —
Ljungmann , Ophiur. vivent enumer., p. 331. — Heller,
Zooph. und Echinod. des Adriatisches Meeres, p. 62. —
Sars, Norges Echinodermer, p. 12 et Midd. Litt. Fauna,
p. 74.— Düben et Koren. Skand. Echinod, p. 238. — Fis-
cher, Bryoz.. Echinod. et Foraminif. de la Gironde, p. 33.

Ophiocoma rosula Forbes . Brit. Starf.. p. 60.

Nous avons trouvé à cette espèce les colorations les plus
variables.

Elle est très commune à la côte ; néanmoins elle paraît s'éten-
dre assez en profondeur, car nous en avons ramené un exemplaire, petit il est vrai. dragué par 60 mètres sur un fond de
sable grossier.

L'*Ophiothrix fragilis* vit dans la vase. sous les pierres. sur
les fonds de sable, mais de préférence dans la vase verdâtre par
une profondeur moyenne de 20 mètres. Sur ces fonds, la drague
en rapportait parfois des milliers.

OPHIOCOMA Agassis.

2. **Ophiocoma nigra** O. F. Muller.

Asterias nigra O. F. Muller, Zool. Dan., pl. XCIII.

Ophiocoma nigra Muller et Troschel , Syst. der Aster..
pl. VIII, fig. 2. — Sars, Norges Echinod., p. 13. — Düben
et Koren, Skand. Echinod., p. 234. — Dujardin et Hupé,
Echinod., p. 264.

Ophiocoma granulata Forbes, Brit. Starf., p. 50.

Commune dans la vase avec Nullipores, dans les sables graveleux avec coquilles roulées, depuis six mètres jusqu'à trente :
nous ne l'avons jamais recueillie à la côte.

Cette espèce constitue avec l'*Ophiotrix fragilis* , la plus
grande partie de la faune de cette curieuse zone des Ophiures
dont nous avons déjà parlé (1).

---

(1) De Guerne et Th. Barrois, la Faune littorale de Concarneau , Revue des
cours scientifiques. N° du 1er janvier 1881.

AMPHIURA Lutken.

3. Amphiura filiformis O. F. Muller.

> *Asterias filiformis* O. F. Muller, Zool. Dan., pl. lix.
>
> *Ophiocoma filiformis* Forbes, Brit. Starf., p. 40.
>
> *Ophiolepis filiformis* Muller et Troschel, Syst. der Aster., p. 94. — Düben et Koren. Skand. Echinod., p. 234.
>
> *Amphiura filiformis* Sars, Norges Echinod., p. 16 et Middel Litt. Fauna, p. 84. — Heller, Zooph. und Echinod. des Adriat. Meeres, p. 60.

Assez commun dans les eaux profondes, par 50 mètres en moyenne, sur des fonds de sables vaseux, entre la *Basse jaune* et l'île de *Penfret*, dans les Glénans (Voir la carte, 1er et 2e dragage du 27 août).

4. Amphiura squammata delle Chiaje.

> *Asterias squammata* delle Chiaje, Memor. pl. xxxiv. fig. 1.
>
> *Ophiocoma neglecta* Forbes, Brit. Starf. p. 31.
>
> *Amphiura neglecta* Dujardin et Hupé. Echinod., p. 252.
>
> *Ophiura neglecta* Johnston. Mag. of. nat. hist., 1835, p. 467, fig. 42.
>
> *Ophiura moniliformis* Grube, Act., Echinod. p. 18.
>
> *Ophiura filiformis* des Moulins. Steller. de la Gironde. pl. I, fig. 1 a-e.
>
> *Amphipolis neglecta* Fischer. Bryoz., Echid. et Foram. de la Gironde, p. 33.
>
> *Ophiolepis squammata* Muller et Troschel. Syst. der Ast., p. 92. — Sars, Middel. Litt. Fauna. p. 84. — Düben et Koren, Skand. Echin, p. 233.
>
> *Amphiura squammata* Heller. Zooph. und Echinod. des Adriatisches Meeres, p. 60. — Sars, Norges Echin. p. 21.

Cette jolie petite espèce est commune sur toutes les côtes

rocheuses du continent et des îles Glénans depuis le niveau de balancement des marées jusqu'à 15 mètres de profondeur env ron

OPHIODERMA Muller et Troschel.

5. Ophioderma longicauda Muller et Troschel.

Asterias ophiura Delle Chiaje, Memor. pl. xx, fig. 1.

Ophioderma longicauda Muller et Troschel , Syst. der Aster.. pl. IX, fig. 1. — Dujardin et Hupé, Echin., p. 230. — Heller. Zooph. und Echinod. des Adriat. Meeres, p. 64. Sars, Middel. Litt. Fauna, p. 100.

Ophioderma lacertosa Beltremieux , Faune de la Char -Inf., p. 290. — des Moulins. Steller. de la Gironde, p. 188. — Fischer. Bryoz., Echin. et Foram. de la Gironde. p. 32.

Nous n'avons recueilli que deux exemplaires de cette belle espèce, dans des sables avec coquilles brisées, légèrement vaseux, entre la Basse jaune et Penfret, par 23 et 32 mètres de profondeur Voyez la carte. 4ᵉ dragage du 27 août, et 1ᵉʳ dragage du 29 août).

OPHIOGLYPHA Lyman.

6. Ophioglypha texturata Lamarck.

Asterias cordifera Delle Chiaje, pl. xx, fig. 1-2.

Ophiura texturata Lamk.. anim. sans vert., 2ᵉ éd., p. 221. — Dujardin et Hupé. Echinod., p. 248. — Sars, Norges Echin.. p. 22. — Forbes, Brit. Starf., p. 22.

Ophiolepis ciliata Düben et Koren, Skand. Echin., p. 233. — Müller et Troschel. Syst. der Aster.. pl. VII, fig. 1.

Ophiura ciliata Sars. Middel. Litt. Fauna., p. 100.

Ophioglypha texturata Heller. Zooph. und Echin. des Adrialisches Meeres. p. 59. — Fischer. Bryoz., Echin. et Foram. de la Gironde, p. 33.

Cette espèce vit depuis 4 jusqu'à 32 mètres de profondeur sur tous les fonds possibles ; elle est pourtant plus commune dans la vase verte argileuse par 20 à 30 mètres de profondeur.

7. **Ophioglypha albida** FORBES.

Ophiura albida Forbes , Brit. Starf., p. 27. — Sars, Norges Echin., p. 22 et Middel. Litt. Fauna , p. 100. — Dujardin et Hupé, Echin. p. 249.

Ophioglypha albida Lyman , Illustr. Cat. of the Museum of comp. zool., Ophiurid., p. 49.— Heller, Zooph. und Echin. des Adriat. Meeres, p. 58.

Cette Ophiure, très voisine de la précédente, vit à peu près dans les mêmes conditions qu'elle.

ORDO III.

ASTERIDÆ BLAINVILLE [1].

LUIDIA FORBES.

1. **Luidia Savignyi** AUDOUIN.

Asterias Savignyi Audouin , descript. de l'Egypte , Echin., pl. III , p. 209.

Luidia Savignyi Sars , Norges Echin., p. 26 et Middel Litt. Fauna, p. 100. — Düben et Koren, Skand. Echin., p. 254. — Müller et Troschel , System der Asteriden.. p. 77. — Heller, Zooph. und Echin. des Adriat. Meeres, p. 55. — Périer, rév. des Stell. du Muséum, archiv. zool, exp., t. V, 1876, p. 260.

Asterias ciliaris Philippi , Wiegm. Archiv., t. III, p. 193.

Luidia fragilissima Forbes , Brit. Starf.. p. 135.

---

(1) Voyez Périer. *Révision des Stellérides du Museum*, Archives de Zool. expér. t. IV et V, 1875-1876

Luidia ciliaris Dujardin et Hupé. Echinod., p. 433. — Fischer. Bryoz.. Echin. et Foram. de la Gironde. p. 35.

Nous avons dragué cette grande et belle espèce à trois reprises différentes :

1° Par 50 m. de profondeur. fond sableux, 5 exemp. (Voir 1er Dr. 27 août).

2° Par 28 m. de profondeur. fond de sable coquillier, 1 exemp. (Voir 3° Dr. 27 août).

3° Par 50 m. de profondeur. fond de sable coquillier. 1 exempl. (Voir 9° Dr. 28 août).

ASTROPECTEN Linck.

2. **Astropecten irregularis** Linck.

Astropecten irregularis Linck . de Stellis marinis . p. 28. pl. vi. fig. 13; pl. viii. fig. 11-12. — Dujardin et Hupé. Echin.. p. 414. — Périer. rév. des Stell. du Muséum (Archiv. zool. expér., t. V. 1874. p. 288.

Asterias aurantiacus O. F. Muller. Zool. Dan.. pl. lxxxiii. —Forbes. Brit. Starf.. p. 130.—Beltremieux. Faune de la Char.-Inf.. p. 90.

Astropecten Mülleri Muller et Troschel . Wiegm. Arch.. 1844. pl. x. — Sars . Norges Echin.. p. 28. — Düben et Koren, Skand. Echin.. p. 246.

Astropecten auranciacus Fischer. Bryoz.. Echin. et Foram. de la Gironde, p. 35.

Commun entre 15 et 55 mètres de profondeur sur les fonds vaseux. mais surtout sur les fonds sableux.

ASTERACANTHION Muller et Troschel.

3. **Asteracanthion rubens** Linné.

Asterias rubens Linné. Syst. nat.. éd. 12. p. 1099. — Des Moulins. Stell. de la Gironde. p. 191 — Beltremieux, faune de la Char.-Inf.. p. 90. — Périer. Stell. du Muséum (Archiv. zool. expér.. t. IV. p. 311).

Uraster rubens Forbes, Brit. Starf., p. 83.

Asteracanthion rubens Düben et Koren, Skand. Echin.,
p. 241. — Müller et Troschel, Syst. des Aster.. p. 17. —
Sars. Norges Echin., p. 87. — Heller. Zooph. und Echin.
des Adriat. Meeres. p. 52. — Dujardin et Hupé, Echin..
p. 331. — Fischer, Bryoz., Echin. et Foram. de la Gironde, p. 36.

Cette *Étoile de mer*, ainsi qu'on la nomme vulgairement, est
très commune à la côte sous les roches, à marée basse. Dans
nos dragages nous avons rencontré cette espèce jusqu'à 60
mètres de profondeur sur tous les fonds possibles, mais principalement cependant sur les fonds vaseux.

4. Asteracanthion violaceus GMELIN.

Asterias violacea Gmelin *in* Linné. Syst. nat., p. 3163,
n° 24. — O. F. Müller. Zool. Dan.. pl. XLVI. — Périer.
Stell. du Muséum (Arch. zool. expér., t. VII 1875,
p. 313).

Uraster violaceus Forbes, Brit. Starf.. p. 91.

Asteracanthion violaceus Muller et Troschel, Syst. der
Aster.. p. 14. — Dujardin et Hupé. Echin.. p. 332. —
Fischer, Bryoz., Echin. et Foram de la Gironde. p. 37.

Cette espèce qui n'est sans doute qu'une simple variété de la
précédente, vit absolument dans les mêmes conditions qu'elle.

5. Asteracanthion glacialis O. F. MULLER.

Asterias glacialis O. F. Muller, prodr. Zool. Dan.. p. 234.
— Beltremieux, faune de la Char.-Inf., p. 90. — Périer.
Stell. du Museum (Arch. de zool. expér.. t. IV. 1875,
p. 304).

Asterias angulosa O. F. Muller, Zool. Dan.. p. XLI.

Asterias echinophora delle Chiaje. t. II, pl. XVII. fig. 5.

Uraster glacialis Forbes, Brit. Starf.. p. 78.

Asteracanthion glacialis Muller et Troschel, Syst. der

Aster., p. 14. — Düben et Koren, Skand., Echin., p. 240.
— Sars. Middel. Litt. Fauna, p. 51 et Norges Echin.,
p. 87. — Dujardin et Hupé, Echin., p. 330. — Heller,
Zooph. und Echin. des Adriat. Meeres, p. 52. — Fischer,
Bryoz., Echin. et Foram. de la Gironde, p. 36.

Cette espèce, très commune à la côte (moins cependant que
l'*A. rubens*) ne descend guère au delà de 8 ou 10 mètres au-
dessous du niveau des plus basses marées.

<h2 style="text-align:center">ASTERISCUS Muller et Troschel.</h2>

6. **Asteriscus verruculatus** Retzius.

Asterias verruculata Retzius, Dissert. de Stell., p. 12.

Asterias gibbosa, Pennant, Brit. Zool, t. VI, p. 62.

Asterias exigua Delle Chiaje, pl. xviii, fig. 1. — Beltremieux, faune de la Char.-Inf., p. 90.

Asterina gibbosa Forbes, Brit. Starf., p. 119. — Périer,
Stell. du Museum (Archiv. de zool. expér., t. V, 1876,
p. 215).

Asteriscus gibbosus Fischer, Bryoz., Echin. et Foram. de
la Gironde, p. 38.

Asteriscus verruculatus Sars. Middel. Litt. Fauna, p. 105.
Dujardin et Hupé, Echin., p. 375. — Heller, Zooph. und
Echin. des Adriat. Meeres, p. 53.

Nous n'avons jamais rencontré cette espèce plus bas que la
zône des Laminaires ; elle est commune sur les rochers de toute
la côte, mais surtout à l'île du Loch.

L'*Asteriscus verruculatus* pond sous les pierres durant les
mois de juin et de juillet.

ORDO IV.

ECHINIDÆ Lamarck.

ECHINUS Linné.

1. Echinus melo Lamarck.

> *Echinus melo* Lamarck , Hist. nat. des anim. sans vert..
> 2ᵉ éd., t. III, p. 360.— Sars, Middel. Litt.— Fauna, p. 111.
> —Dujardin et Hupé, Echin.. p. 524.— Cailliaud, Cat. des
> Radiaires , etc... de la Loire-Inf., p. 19. —Heller, Zooph.
> und Echin. des Adr. Meeres, p. 67.

On touve ce bel Oursin par 30 mètres environ de profondeur
sur des fonds rocheux : les pêcheurs de homards en rapportent
souvent en retirant leurs casiers.

Entre 25 et 50 mètres, sur les fonds de sable grossier avec
coquilles brisées, les fragments et les radioles d'*Echinus melo*
sont très nombreux.

2. Echinus sphaera Muller.

> *Echinus sphaera* O. F. Muller, Zool. Dan. Prodr., 2845.
> — Forbes, Brit. Starf., p.149. — Fischer. Bryoz., Echin.
> et For. de la Gironde, p. 40.
>
> *Echinus esculentus* Düben et Koren, Skand Echin., p. 264.
> — Sars, Norges Echin., p. 93.
>
> *Echinus globiformis* Beltremieux, faune de la Char.-Inf.,
> suppl., p. 14.
>
> *Sphœrechinus esculentus* Dujardin et Hupé. Echin., p. 529.

Assez commun.

TOXOPNEUSTES Agassiz.

3. Toxopneustes lividus Lamarck.

> *Echinus lividus* Lamarck, Hist. nat. anim. sans vert. éd. I,
> t. III, p. 50. — Sars, Middel. Litt. Fauna , p. 212. — Bel-

tremieux, faune de la Char.-Inf., p. 91. — Cailliaud , Cat. des Radiaires, etc.... de la Loire-Inf., p. 21.

Toxopneustes lividus Dujardin et Hupé. Echin, p. 532. — Heller, Zooph. und. Echin. des Adriat. Meeres, p. 69. — Fischer, Bryoz, Echin. et Foram. de la Gironde, p. 41.

Cette espèce est assez rare dans la baie de Concarneau, où les eaux sont trop calmes. Sur les rochers de la face Sud de l'île du Loch. au contraire, qui reçoivent directement les flots du large, nous en avons trouvé de nombreux exemplaires.

Les dragages ne nous ont jamais rapporté le moindre spécimen de *T. lividus*.

PSAMMECHINUS Agassiz.

4. Psammechinus miliaris Gmelin.

Echinus miliaris Gmelin *in* Linné, Syst. nat., p. 3169. — Lamarck, anim. sans vert.. t. III. p. 367. — Sars, Norges Echinodermer, p. 94. — Beltremieux, faune de la Char.-Inf.. p. 91. — Forbes, Brit. Starf., p. 161. — Cailliaud, Cat. des Radiaires, etc..... de la Loire-Inf.. p. 21.

Echinus saxatilis O. F. Muller, prod. Zool. Dan., p. 235.

Echinus virens Düben et Koren, Skand. Echin., p. 274.

Psammechinus miliaris Dujardin et Hupé. Echin. p. 526. — Fischer, Bryoz., Echin. et Foram. de la Gironde, p. 42.

Assez commun. sous les rochers . à la côte et dans les Glénans.

Nous avons recueilli en outre cette espèce dans beaucoup de nos dragages, jusqu'à 45 mètres de profondeur environ, sur des fonds de sable coquillier, plus rarement de sable vaseux (1).

5. Spatangus purpureus O. F. Muller.

Spatangus purpureus O. F. Muller, Zool. Dan., pl. III.

---

(1) Dans son travail sur les Échinodermes de la Norwège , M. le professeur Sars a signalé cette espèce par des profondeurs atteignant au moins 20 brasses, c'est à dire un peu plus de 36 mètres.

Forbes, Brit. Starf., p. 182. Düben et Koren , Skand
Echin., p. 285. —Sars, Norges Echin., p. 99.— Dujardin et
Hupé, Echin., p. 607. — Beltremieux, faune de la Char.-
Inf, p. 91. — Cailliaud, Cat, des Radiaires, etc..... de la
Loire-Inf., p. 19. — Fischer, Bryoz, Echin. et Foram. de
la Gironde, p. 43.

Assez rare à la côte : île du Loch, île de St-Nicolas (Glénans).
Commun au contraire dans les dragages, entre 30 et 50 mètres.
sur des fonds de sable coquillier.

Un des exemplaires que nous avons recueilli était littéralement
couvert de *Montacuta*.

AMPHIDETUS Agassiz.

6. Amphidetus cordatus Pennant.

> *Echinus cordatus* Pennant, Brit. Zool., t. IV, p. 69,
> pl. xxxiv, fig, 75.

> *Spatangus arcuarius* Lamarck, 2ᵉ éd., t. III, p. 228. —
> Cailliaud, Cat. des Radiaires, etc . .. de la Loire-Inf.,
> p. 18.

> *Echinocardium cordatum* Dujardin et Hupé, Echin., p. 602.
> — Beltremieux. faune de la Char.-Inf., p. 91. — Marion.
> drag. prof. au large de Marseille. (Les fonds de la mer,
> t. III, p. 20).

> *Amphidetus cordatus* Forbes, Brit. Starf.. p. 190. — Düben
> et Koren, Skand, Echin. p. 285. — Sars, Norges Echin..
> p. 91. — Fischer, Bryoz, Echin. et Foram. de la Gironde.
> p. 44.

Les sables blancs de l'île de Loch renferment une grande quan-
tité d'*A. cordatus*. La plupart des individus atteignent une taille
presque double de celle qu'ils ont d'habitude sur les côtes du Boulonnais, à Ambleteuse et à Etaples par exemple.

Nous n'avons rencontré cette espèce que dans l'Ile du Loch.
mais, il est fort probable qu'elle doit exister dans les bancs de
sables blancs de Beg-Meil et de l'anse de Kersos.

7. **Amphidetus ovatus** Leske.

Spatangus ovatus Leske *apud* Klein. p. 252, pl. xlix .
fig. 12-13. — Cailliaud. Cat. des Radiaires, etc... de la
Loire-Inf., p. 18.

Echinocardium ovatum Dujardin et Hupé , Echin., p. 602.

Amphidetus ovatus Düben et Koren, Skand. Echin., p. 283.
— Sars, Norges Echin., p. 98.

Nous n'avons jamais recueilli cette espèce à la côte même dans
les plus basses marées. Elle est assez commune, au contraire, sur
les fonds de sable coquillier, entre 15 et 50 mètres de profondeur.

Fait intéressant à signaler, l'*A. ovatus* habite presque constam-
ment en compagnie de l'*Amphioxus lanceolatus.*

8. **Amphidetus roseus** Forbes.

Amphidetus roseus Forbes, Brit. Starf., p. 194.

Beaucoup d'auteurs ne considèrent cette espèce que comme
une variété de la précédente. Elle s'en distingue cependant assez
nettement par sa forme plus allongée et moins élevée : par sa
taille moindre. ainsi que par sa belle couleur d'un rose tendre.

Nous n'en avons trouvé qu'un seul exemplaire, dragué dans le
chenal qui sépare Men-Cren de Men-Fall, sur un fond de vase
argileuse, par 6 à 8 mètres de profondeur.

ECHINOCYAMUS Leske.

9. **Echinocyamus pusillus** O. F. Muller.

Spatangus pusillus O. F. Muller, Zool. Dan., pl. lxxxxi.
fig. 5-6.

Fibularia angulosa Lamarck. anim. sans vert., éd. 2, t. III,
p. 301. — Cailliaud. Cat. des Radiaires, etc., de la Loire-
Inf., p. 17.

Echinocyamus angulosus Düben et Koren , Skand. Echin.,
p. 279. — Sars, Norges Echin., p. 95.

Echinocyamus pusillus Forbes, Brit. Starf., p. 175. —
Sars, Middel. Litt. Fauna, p. 126. — Dujardin et Hupé,
Echin , p. 556. — Heller, Zooph. und Echin. des Adriat.
Meeres, p. 66. — Fischer, Bryoz.. Echin. et Foram. de la
Gironde, p. 44.

Assez commun entre 15 et 48 mètres sur les fonds de sable
coquillier.

Toutefois, c'est dans la vase verte argileuse, par 25 mètres
de profondeur, au Nord de l'île Penfret (Voir la carte 8ᵉ dragage du 27 août) que nous en avons recueilli le plus abondamment.

ORDO V.

HOLOTHURIDÆ Agassiz ([1]).

STICHOPUS Brandt.

1. Stichopus Selenkæ. Th. Barrois.

Cette belle espèce mesure de 20 à 25 centimètres de longueur
et environ 4 centimètres de diamètre dans sa plus grande largeur. Sa couleur est d'un vert olive. légèrement brunâtre :
l'alcool qui a contenu un *S. Selenkae* prend une teinte verte
très prononcée. tandis que l'animal devient d'un brun terreux.

La peau est épaisse, très solide ; elle est remarquable par sa
pauvreté excessive en pièces calcaires. Celles de la couche supérieure de la peau. ou couche pigmentaire. ont la forme d'un C
largement ouvert, ou plutôt d'un croissant : elles sont rares
(voyez pl. III, fig. 1). Les pièces les plus nombreuses sont les
grandes plaques criblées (pl. III. fig. 2) qui se trouvent dans a

---

(1) Voyez les ouvrages suivants : Düben et Koren, *Om holothuriernas Hudskelett,*
in : Kongl Vetensk-Akad Handl. f. 1843. — Selenka, *Beiträge zur Anat. und.*
System. der Holothurien , Zeit. fur Wiss. Zool. Bd. XVII , 1867.— Semper, *Reise*
im Archipel der Philippinen , *Holothurien ;* 1868 — Marenzeller. *Kritik adria-*
tischer Holothurien , 1874 . et *Beiträge zur Holothurien-Fauna des Mittelmeeres ,*
1877.

couche sous-cuticulaire. On rencontre aussi dans cette même couche quelques pièces en forme de croix de St-André (pl. III. fig. 4) ou d'étoile à trois branches (pl. III, fig. 3,, mais elles ne sont point communes.

La vésicule de Poli est simple, assez volumineuse, presque sphérique.

Le canal pierreux est très court, quelques millimètres à peine ; il est également simple et pend librement dans la cavité du corps.

Le *Stichopus Selenkæ* ressemble beaucoup, comme couleur. comme taille et comme port, au *S. chloronotus* Brandt, qu'on trouve à Zanzibar et dans les îles Sandwich ; toutefois, il s'en distingue nettement par ses pièces calcaires, sa vésicule de Poli et son canal pierreux.

Chez le *S. chloronotus*, en effet, la vésicule de Poli est ordinairement triple, tandis qu'elle est simple chez le *S. Selenkæ*. En outre, chez le *S. chloronotus*, le canal pierreux est terminé par trois à six canaux ramifiés, du tiers de la longueur de l'animal et pendant librement dans la cavité du corps : chez le *S. Selenkæ* le canal pierreux est simple et très court.

Nous avons dragué 5 exemplaires de ce nouveau Stichopus, sur des fonds rocheux, par des profondeurs variant entre 32 et 50 mètres ; en voici, du reste, le détail :

1 exemplaire,	11ᵉ dragage	du 28 août,		50 m.
1 exemplaire,	4ᵉ	»	du 29 août.	32 m.
1 exemplaire.	6ᵉ	»	»	32 m.
2 exemplaires.	10ᵉ	»	»	45 m.

Je suis heureux de dédier cette espèce à M le professeur Selenka. d'Erlangen, dont les beaux travaux sur les Holothuries sont connus de tous les naturalistes. Non content de m'aider de ses conseils et de revoir les espèces nouvelles que je lui avais communiquées. M. Selenka m'a envoyé quelques croquis qui m'ont été du plus grand secours. Qu'il reçoive cette dédicace comme un témoignage de ma profonde et sincère reconnaissance.

HOLOTHURIA

2. **Holothuria Polii** *Chiaje.*

> *Holothuria Polii* Delle Chiaje, Mem. sulla storia e notomia
> d. anim. senz. vert.. Napoli 1823. vol. I, p. 80 et 112.
> pl. VI, fig. 1, pl. VIII, fig. 7 et 8. — Selenka, Beit. z. Anat.
> der Holothurien, p. 324, pl. XVIII, fig. 44-46. — Marenzel-
> ler, Kritik Adriat. Holoth., p. 316.

> *Holothuria tubulosa* Blainville, manuel d'Actin., pl. XII,
> fig. 1 à 4. — Fischer, Bryoz., Echin. et Foram. de la
> Gironde, p. 45, et Beltremieux, faune de la Charente-Inf.,
> p. 91.? — Sars. Middel. Litt fauna, p. 93, pl. II, fig. 75-77.

> *Holothuria Stellati* Sars, Middel. Litt. fauna, p. 150. —
> Heller. Zooph. und Echinod. des Adriat. Meeres, p 73.

Assez rare : île Drènec, île Cicogne (Glénans).

Cette espèce avait longtemps été confondue avec *Holothuria
tubulosa*. Les travaux de Selenka et surtout de Marenzeller ont
démontré qu'il y avait lieu de conserver l'espèce créée par
Delle Chiaje.

Les *H. tubulosa* signalées à la Rochelle par M. Beltremieux
et dans la Gironde par M. Fischer semblent avoir été déterminées
d'après le type de Blainville : il faudrait donc les rapporter à la
H. Polii. Il serait nécessaire toutefois d'examiner auparavant les
pièces calcaires de ces exemplaires.

THYONIDIUM DUBEN ET KOREN.

3. **Thyonidium pellucidum** O. F. MULLER.

> *Holothuria pellucida* O. F. Muller. Zool. Dan., pl. CXXXV,
> fig. 1.

> *Cucumaria hyalina* Forbes. Brit. Starf., p. 221.

> *Thyonidium pellucidum* Düben et Koren, Holoth. Hud-
> skelett, p. 217, pl. IV, fig. 15-17 et Skand. Echin:, p. 303.
> pl. XI. fig. 57. — Dujardin et Hupé, Echin, p. 621. —
> Selenka Beit. zur Anat. der Holoth., p. 345.

> *Thyonidium hyalinum* Sars, Norges. Echin., p. 111.

Cette espèce n'a été bien décrite qu'au point de vue des formes extérieures : Düben et Koren seuls ont donné deux figures, insuffisantes d'ailleurs, des plaques calcaires. Nous nous sommes efforcé de combler cette lacune.

Le *T. pellucidum* est pourvu de dix tentacules, dont deux plus petits que les autres. Pas de dents anales.

Les pieds sont distribués en deux doubles rangées longitudinales ; entre ces rangées, d'autres pieds sont disséminés sans ordre.

La peau mince, transparente, contient des plaques calcaires, percées ordinairement de quatre trous, et surmontées d'une sorte de croix de St-André (pl. II, fig. 10 et 11). Ces plaques peuvent s'augmenter par l'addition de nouvelles masses calcaires, et paraître alors percées d'un grand nombre de trous, comme on le voit dans les figures 12, 13 et 14 de la planche II. Néanmoins on retrouve toujours au centre les quatre trous primitifs. C'est ce qui explique l'erreur dans laquelle sont tombés Düben et Koren en disant : « *Laminæ circulares, teneræ, regulariter perforatæ foraminibus 3-4 in medio, et 9-12 marginalibus,* »

Les plaques simples, primitives, auront sans doute échappé à ces observateurs.

Les parois des pieds contiennent de grandes plaques calcaires, percées ordinairement de quatre trous en leur milieu, et surmontées aussi d'une croix de Saint-André (pl. II, fig. 15 et 16). Dans la ventouse se trouve une plaque terminale, percée de nombreux trous pl. II, fig. 17).

L'anneau calcaire est formé de dix pièces adhérant lâchement ensemble : les plaques radiales pl. II, fig. 9, *r*) sont terminées par deux pointes si longues qu'elles repoussent loin en arrière le canal annulaire.

La vésicule de Poli est simple. Le canal pierreux court, terminé en peloton, et enveloppé dans le mésentère.

Deux exemplaires ont été recueillis ; le premier a été dragué entre Men-Cren et Men-Fall, par 6 à 8 mètres de profondeur, le second au S.-O. de *Basse-Pérénés* sur un fond de sable coquillier, par 60 mètres (voir la carte, 7ᵉ dr. du 2 septembre).

CUCUMARIA Blainville.

4. **Cucumaria doliolum** Lamarck.

Holothuria doliolum Lamarck, Hist. nat. anim. sans vert., 1816, t. III, p. 74 (en partie).

Cucumaria doliolum Dujardin et Hupé, Echin., p. 621. — Sars, Middel. Litt. Fauna, p. 120, pl. I, fig. 18 à 23. — Heller, Zooph. und Echin. des Adriat. Meeres, p. 74. — Selenka, Beitr. zur Anat. der Holoth, p. 378, pl. xx, fig. 108.

Cucumaria Planci Marenzeller, Kritik Adriatischer Holothurien, p. 301.

Cette espèce est commune dans la Méditerranée par 10-50 brasses de profondeur

Nous en avons recueilli quatre exemplaires, jeunes. par 60 m., sur des fonds de sable coquillier.

Les figures 9-17 de la planche III représentent les pièces calcaires caractéristiques du *C. doliolum*, d'après Sars.

5. **Cucumaria lactea** Forbes.

Ocnus lacteus Forbes, Brit. Starf., p. 231.

Cucumaria lactea Duben et Koren. Skand. Echin., p. 216 ; pl. iv, fig. 3-7 : pl. ix, fig. 55. — Dujardin et Hupé, Echinod., p. 622. — Sars, Norges Échin., p. 101. — Selenka, Beitr. zur Anat. der Holoth., p. 351.

Ocnus brunneus Forbes, Brarft. Sit., p. 229.

Nous avons trouvé cette espèce dans les mêmes conditions que la précédente, c'est-à-dire sur des fonds de sable coquillier, par 60 mètres environ de profondeur.

Les pièces calcaires de la peau sont identiques àcelles que Düben et Koren ont figurées chez *C. lactea*, mais la nuance des téguments est brunâtre au lieu d'être blanche. Serait-ce l'*Ocnus brunneus* de Forbes, et cette dernière espèce ne serait-elle qu'une variété de l'*O. lacteus* du même auteur ? Le savant anglais n'a guère étudié les Holothuries qu'au point de vue des caractères extérieurs, et, d'après ses descriptions, les deux espèces en question ne diffèrent l'une de l'autre que par leur coloration.

L'*Ocnus brunneus* n'a été, du reste, retrouvé par aucun naturaliste. Selenka l'avait rapproché, avec un point d'interrogation, du *Cucumaria frondosa* Gunner.

6. **Cucumaria Lefevrii** Th. Barrois.

Un seul exemplaire recueilli sous une pierre, à marée basse, au milieu des rochers situés vis à vis le moulin Talamot.

Les pieds sont disposés en cinq doubles rangées, et font une assez forte saillie à la surface du corps.

Il y a dix tentacules dont deux plus petits que les autres. Pas de dents anales.

La peau est d'une épaisseur moyenne : les plaques calcaires sont nombreuses, disposées en plusieurs couches. Celles de la couche inférieure sont ordinairement percées de quatre trous (pl. II, fig. 2 et 3); mais souvent à ces plaques simples s'ajoutent d'autres masses calcaires, et l'on obtient alors des plaques percées d'un nombre de trous plus ou moins considérable (pl. II, fig. 4 et 5). Ces plaques sont mamelonnées ainsi que celles du *Cucumaria doliolum* (voyez pl. III, fig. 11-15.

Les pièces calcaires de la couche supérieure ont la forme d'une corbeille à quatre branches (pl. II, fig. 8 : vues de dessus, elles offrent l'apparence d'une croix de St-André inscrite dans un cercle pl. II, fig. 7.)

Les parois des pieds contiennent des plaques longitudinales, percées d'un nombre variable de trous (pl. II, fig. 6.)

Le pharynx est de dimension moyenne. L'anneau calcaire (pl. II, fig. 1, est formé de 8 pièces, lâchement unies entre elles : il diffère notablement des colliers calcaires de *C. doliolum* et *C. pentactes* figurés par Selenka (Beitr. z. Anat. der Holoth., pl. XX, fig. 104 et 108.)

La vésicule de Poli est simple pl. II, fig. 1, P. : le canal pierreux, à terminaison libre, est enroulé en peloton (pl. II, fig. 1, S.)

L'animal vivant avait une longueur d'environ cinq ou six centimètres ; fortement rétracté dans l'alcool , il mesure encore deux centimètres et demi.

La couleur est d'un blanc sale.

Je prie M. le commandant Lefèvre d'accepter la dédicace de cette espèce comme un souvenir et un remerciement des bons instants que nous avons passés à bord du *Moustique*.

THYONE Oken.

7. **Thyone fusus** O. F. Müller,

> *Holothuria fusus* O. F. Müller, Zool. Dan., pl. x , fig., 5-6.
> *Holothuria papillosa* O. F. Müller, Zool. Dan . pl. cviii, fig. 5.
>
> *Thyone papillosa* Forbes. Brit. Starf.. p. 233.
>
> *Thyone fusus* Düben et Koren, Skand. Echin , p. 308 ; pl. v, fig. 42-48 ; pl. xi . fig., 52. — Sars , Middel. Litt. fauna, p. 135 : pl. ii , fig. 49-51. — Sars, Norges Echin., p. 111. — Selenka, Beitr. Z. Anat. der Holoth., p. 355.

Un seul exemplaire recueilli au large, dans un dragage.

8. **Thyone Poucheti** Th. Barrois.

Cette curieuse espèce qui est représentée en grandeur naturelle dans la fig. 1 de la planche I. se rapproche par sa forme excentrique de *Thyone raphanus*. Düben et Koren. Nous n'en avons malheureusement recueilli qu'un seul exemplaire.

L'animal. conservé dans l'alcool, mesure environ un centimètre et demi de longueur et cinq millimètres de largeur dans sa partie la plus épaisse.

La couleur est d'un blanc légèrement opalescent.

Le corps est fusiforme. la partie postérieure étant fortement amincie : le quart antérieur de ce corps est rétractile, et suit le pharynx dans son mouvement de retrait.

Il y a dix tentacules, dont deux plus petits que les autres.

Les pieds sont disposés sans ordre sur toute la surface du corps, excepté sur le quart postérieur. sur la partie amincie, où il n'y en a pas un seul.

L'animal est pourvu de cinq dents anales.

La peau est très mince, transparente, laissant voir des plaques calcaires percées d'un assez grand nombre de trous (pl. I, fig. 3), situées les unes à côté des autres. et parfois même se recouvrant comme les tuiles d'un toit. Ces plaques sont en outre ornées de légers tubercules très réfringents.

Il n'y a pas de plaques calcaires dans toute l'étendue du pied, sauf à l'extrémité de la ventouse terminale, où se trouve une pièce en forme d'étoile à six ou sept branches (pl. I, fig. 4).

Les tentacules renferment aussi diverses pièces calcaires, d'aspect très différent (pl. I. fig. 5. *a. b. c*).

L'anneau calcaire (pl. I, fig. 6). est formé de huit pièces. adhérant lâchement ensemble. Le canal pierreux (pl. I, fig. 7) est court, pelotonné. enveloppé dans le mésentère La vésicule de Poli (pl. I. fig. 2. *P*) est simple, pyriforme.

Les rétracteurs du pharynx (pl. I. fig. 2, *r*) s'insèrent vers le milieu du corps. Comme chez presque tous les Dendrochirotes, les cinq muscles longitudinaux de la paroi du corps sont petits et grêles.

Les tubes génitaux (pl. I. fig. 2. *gl*) étaient remplis d'œufs mûrs. ce qui permet d'affirmer que l'animal était adulte.

Le seul exemplaire que nous ayons recueilli a été dragué au Sud de la Basse-Jaune. par 50 mètres de profondeur, sur un fond de sable vaseux (voyez la carte. 1er drag. du 27 août).

Je dédie cette espèce à M. G. Pouchet. professeur au Museum et l'un des directeurs du Laboratoire de zoologie maritime de Concarneau.

Ainsi que je l'ai dit plus haut. le *T. Poucheti* ressemble beaucoup au *T. raphanus*. Les plaques calcaires sont presque identiques dans les deux espèces : on remarque pourtant que les grandes pièces de la peau sont plus irrégulières chez *T. Poucheti* que chez *T. raphanus*. et qu'elles sont en outre pourvues de petits tubercules (pl. II. fig. 3).

L'anneau calcaire est à peu près semblable dans les deux espèces : les pièces interradiales diffèrent seules un peu.

La vésicule de Poli nous fournit au contraire des caractères distinctifs excellents. Simple et pyriforme chez *T. Poucheti*, elle est double chez *T. raphanus*, et présente une forme spéciale. Les figures ci-dessous feront ressortir ce fait beaucoup mieux que toutes les descriptions.

Figure 1, Vésicule de Poli de *Thyone Poucheti*. — Figure 2, Vésicule de Poli de *Thyone raphanus* (d'après Marenzeller).

L'exemplaire unique de *T. raphanus* étudié par Marenzeller (1) a été dragué à Marseille par 108 mètres de profondeur.

SYNAPTA Eschscholtz (2).

9. Synapta inhærens O. F. Müller.

Holothuria inhaerens O. F. Müller, Zool Dan., pl. xxxi, fig. 1-7.

Synapta inhaerens. Woodward et Barrett, Proced. Zool. Soc., 1858, pl. xvi, fig. 18-22. — Düben et Koren, Skand. Echin., p. 322. — Sars, Norges Echin., p. 124. — Dujardin et Hupé, Echinod, p. 614. — Heller. Zooph. und Echin. des Adriat. Meeres. p. 70. — Fischer. Bryoz, Echinod. et Foram. de la Gironde, p. 46. — Selenka, Beitr. z. Anat. der Holoth., p. 364.

---

(1) Beitr. zur Holothurien-Fauna des Mittelmeeres, p. 128, pl. v, fig. 2 (Verhandl. d. k. k. Zool. bot. Ges., Band XXVII. 1877).

(2) Consultez spécialement pour ce genre : Woodward et Barrett (Proced. Zool. Soc., 1858) et Herapath (Quart. Journ. of Mic. Science. t. XIII, 1865).

Synapta Durernaeana. Quatrefages. Ann. sc. nat., 1842,
pl. II-IV.

Cette Synapte est assez commune dans les sables blancs de
l'île du Loch, ainsi que dans les sables vaseux du cap Cos et de
l'anse de Kersos, où il suffit de quelques coups de bêche pour en
faire une ample récolte.

Un exemplaire unique a été dragué par 50 mètres de profondeur, sur un fond de sable coquillier (voyez la carte, 14 drag. du
28 août).

Cette espèce vit plus profondément encore, car Danielssen en
a recueilli un échantillon dans le Finmark, par 40 à 50 brasses
de profondeur (environ 90 mètres).

10. **Synapta digitata.** MONTAGU.

> *Holothuria digitata.* Montagu. Linn. Trans., t. XI, p. 22;
> pl. IV, fig. 6.
>
> *Fistularia digitata.* Lamarck. Hist. nat. anim. sans vert.,
> éd. 1, t. III. p. 76.
>
> *Chirodota digitata.* Forbes. Brit. Starf. p. 239.
>
> *Synapta digitata.* Woodward et Barrett, Proceed. Zool.
> Soc., 1858. pl. XIV. fig. 1-17. — Dujardin et Hupé, Echin.,
> p. 615. — Heller. Zooph. und Echin. des Adriat. Meeres,
> p. 70. — Selenka. Beitr. zur. Anat. der Holoth, p. 364. —
> Fischer, Bryoz., Echin. et Foram. de la Gironde, p. 86.

La *Synapta digitata* vit dans les mêmes conditions que l'espèce
précédente et habite avec elle l'île du Loch, l'anse de Kersos
et les bancs de sable vaseux du cap Cos. Il est important toutefois
de noter que nous ne l'avons jamais rencontrée plus bas que le
niveau de la baisse de mer.

11. **Synapta digitata, var. Thompsoni.** HERAPATH.

> *Synapta digitata, var. Thompsoni.* Herapath. Quat. journ.
> of Mic. Science, t. XIII, 1865. pl. I. fig. 5. — Semper,
> Reise im Archipel der Philippinen. Holothurien, Leipzig
> 1868. p. 11.

A plusieurs reprises nous avons trouvé dans les sables de l'île du Loch une variété de *S. digitata*, déjà recueillie à Antrim par le professeur Wyville Thompson, et dont les pièces calcaires ont été figurées par Herapath dans son mémoire sur le genre *Synapta*.

Dans cette variété, assez rare d'ailleurs, les ancres sont plus courtes, plus irrégulières, plus grossières et plus massives, échancrées en leur milieu (pl. III, fig. 6), les plaques calcaires plus déchiquetées sur les bords que dans l'espèce type.

En outre, chez la véritable *S. digitata*, les ancres sont la plupart du temps pourvues de 7-8 dents sur leurs branches convexes, tandis qu'il n'en existe qu'une, et le plus souvent point du tout, dans la variété de l'ile du Loch.

Nous donnons du reste dans la planche III (fig. 5-6 et fig. 7-8) les dessins comparatifs des ancres et des plaques calcaires de ces deux espèces, pris à la chambre claire avec le même grossissement.

CONSIDÉRATIONS GÉNÉRALES.

Les espèces d'Echinodermes recueillies durant notre séjour à Concarneau s'élèvent au nombre de 34.

Dans son *Catalogue des Echinodermes de la Gironde*, M. Fischer n'en avait signalé que 27. M. Beltremieux, dans sa *Faune de la Charente-Inférieure* énumère 31 espèces d'Echinodermes, mais il y a des restrictions à faire. L'*Echinus esculentus, var. c*, l'*E. quinquangulatus* Lamk., l'*E. globiformis* Lamk., l'*E. pseudo-melo* Lamk. ne sont que des variétés de l'*E. sphæra*; de plus l'*Ophiura ciliaris* Lamk. et l'*O. squamosa* Lamk. ne sont citées qu'avec un point d'interrogation, ce qui porte le nombre des espèces à 25 seulement.

M. Cailliaud a dressé seulement le catalogue des Echinides de la Loire-Inférieure : le chiffre des espèces s'élève à 12.

Enfin M. Collard des Cherres (Catalogue des Testacés marins du Finistère), qui s'est surtout occupé des Mollusques, se borne à signaler 9 espèces d'Echinodermes.

Des 34 espèces que nous avons recueillies, 3 sont entièrement nouvelles :

Stichopus Selenkæ.   *Thyone Poucheti.*
Cucumaria Lefevrii.

14 sont communes aux eaux de la Méditerranée, de l'Angleterre et de la Norwège :

Ophiothrix fragilis.   *Asteracanthion glacialis.*
Amphiura squammata.   *Toxopneustes lividus.*
A. filiformis.   *Spatangus purpureus.*
Ophioglypha texturata.   *Echinocyamus pusillus.*
O. albida.   *Amphidetus cordatus.*
Luidia Savignyi.   *Thyone fusus.*
Asteracanthion rubens.   *Synapta inhærens.*

3 se retrouvent sur les rives de la Méditerranée et de l'Angleterre :

Comatula mediterranea.   *Synapta digitata.*
Asteriscus verruculatus.

4 dans la Méditerranée seulement :

Ophioderma longicauda.   *Holothuria Polii.*
Echinus melo.   *Cucumaria doliolum.*

7 sont communes à l'Angleterre et à la Norwège :

Ophiocoma nigra.   *Thyonidium pellucidum.*
Astropecten irregularis.   *Cucumaria lactea.*
Echinus sphæra.   *Amphidetus ovatus.*
Psammechinus miliaris.

2 enfin paraissent propres aux mers d'Angleterre :

Amphidetus roseus.   *Synapta digitata, var. Thompsoni.*

J'ai négligé l'*Asteracanthion violaceus* qui ne me semble pas devoir subsister comme espèce.

TABLEAU COMPARATIF DES ÉCHINODERMES DE CONCARNEAU

ET DES ÉCHINODERMES EUROPÉENS

DEPUIS LA MÉDITERRANÉE JUSQU'A LA SCANDINAVIE.

	Méditerranée.	Gironde et côtes Sud-Ouest.	Charente-Inférieure.	Loire-Inférieure.	Angleterre.	Scandinavie.
Conutula mediterranea Lamk	+	+	+		+	
Ophiotrix fragilis O. F. Müller	+	+	+		+	+
Ophiocoma nigra O. F. Müller					+	+
Amphiura squammata Delle Chiaje	+	+			+	+
A. filiformis O. F. Müller	+				+	+
Ophioglypha texturata Lamk	+	+	+		+	+
O. albida Forbes	+				+	+
Ophioderma longicauda M. et Tr	+	+	+			
Luidia Savignyi Audouin	+	+			+	+
Astropecten irregularis Linck		+	+		+	+
Asteracanthion rubens Linné	+	+	+		+	+
A. violaceus Gmelin		+			+	+
A. glacialis O. F. Müller	+	+	+		+	+
Asteriscus verruculatus Retzius	+	+	+		+	
Echinus melo Lamk	+		+	+		
E. sphæra O. F. Müller		+	+	+	+	+
Psammechinus miliaris Gmelin		+	+	+		+
Toxopneustes lividus Lamk	+	+	+	+	+	+
Spatangus purpureus O. F. Müller	+	+	+	+	+	+
Echinocyamus pusillus O. F. Müller	+	+		+	+	+
Amphidetus cordatus Pennant	+	+	+	+	+	+
A. ovatus Leske				+	+	+
A. roseus Forbes					+	
Stichopus Selenkæ Barrois						
Holothuria Polii Delle Chiaje	+	?	?			
Thyonidium pellucidum O. F. Müller					+	+
Cucumaria doliolum Lamk	+					
C. lactea Forbes					+	+
C. Lefevrii Barrois						
Thyone Poucheti Barrois						
C. fusus O. F. Müller	+				+	+
Synapta inhærens O. F. Muller	+	+			+	+
S. digitata Montagu	+	+			+	
S. digitata, var. Thompsoni Herapath					+	

LISTE DES DRAGAGES effectués par le *MOUSTIQUE*

durant les mois d'août-septembre 1880.

DATE.	NATURE DU FOND.	Profondeur.
1ᵉʳ dragage du 24 août	Vase verte argileuse.	13ᵐ.
2ᵉ — —	Vase noirâtre hydrocarburée	16
3ᵉ — —	Vase grise avec corallines.	18
4ᵉ — —	Vase grise, légèrement sableuse, avec corallines	19
5ᵉ — —	— — —	21
6ᵉ — —	Vase argileuse plastique.	16
7ᵉ — —	Sable graveleux avec débris de coquilles.	20
8ᵉ — —	Vase grise avec corallines.	20
9ᵉ — —	— —	20
1ᵉʳ dragage du 27 août.	Sable vaseux	50
2ᵉ — —	—	50
3ᵉ — —	Sable coquillier avec graviers	28
4ᵉ — —	— —	23
5ᵉ — —	Sableux vaseux	22
6ᵉ — —	— avec corallines.	22
7ᵉ — —	— — graviers	22
8ᵉ — —	Vase verte argileuse.	25
9ᵉ — —	Sable vaseux avec coquilles brisées.	20
10ᵉ — —	Sable coquillier, corallines roulées, graviers. . . .	19
11ᵉ — —	— legᵗ vaseux, avec graviers.	19
12ᵉ — —	Vase verte avec corallines et quelques zostères.	13
1ᵉʳ dragage du 28 août.	La drague n'a pas été au fond.	
2ᵉ — —	Sable vaseux, quelques corallines.	22
3ᵉ — —	Sable coquillier	22
4ᵉ — —	Sable coquillier, graviers	38
5ᵉ — —	— —	42
6ᵉ — —	Sable fin, coquilles brisées	52
7ᵉ — —	— —	50
8ᵉ — —	— —	50
9ᵉ — —	Sable coquillier	50
10ᵉ — —	—	50
11ᵉ — —	—	50

DATE.	NATURE DU FOND.	Profondeur.
12ᵉ dragage du 28 août	Sable coquillier, graviers	50ᵐ.
13ᵉ — —	— —	50
14ᵉ — —	— —	50
15ᵉ — —	— — radioles d'oursins	26
16ᵉ — —	— gros graviers, coquilles roulées	26
1ᵉʳ dragage du 29 août	Sable legt vaseux, graviers, coquilles roulées	32
2ᵉ — —	— — —	32
3ᵉ — —	— — —	32
4ᵉ — —	— — Laminaires (Roches)	32
5ᵉ — —	Sable coquillier	32
6ᵉ — —	— graviers, Laminaires (Roches)	32
7ᵉ — —	Fond rocheux et sableux	32
8ᵉ — —	— —	30
9ᵉ — —	— —	30
10ᵉ — —	— —	40
11ᵉ — —	— —	40
12ᵉ — —	Vase verte argileuse	27
13ᵉ — —	— — quelques corallines	25
14ᵉ — —	Vase compacte noirâtre	24
15ᵉ — —	Sable gris grossier, avec quelques Laminaires	23
16ᵉ — —	Sable gris fin, avec Laminaires	22
17ᵉ — —	— —	17
18ᵉ — —	Sable coquillier	15
19ᵉ — —	Vase verdâtre argileuse	20
20ᵉ — —	— —	20
1ᵉʳ dragage du 2 septembre	Sable avec graviers et corallines roulées	17
2ᵉ — —	— —	14
3ᵉ — —	Sable avec coquilles brisées	20
4ᵉ — —	— —	19
5ᵉ — —	— —	21
6ᵉ — —	Sable avec graviers et coquilles brisées	29
7ᵉ — —	Sable coquillier, quelques roches	60
8ᵉ — —	— —	60
9ᵉ — —	— —	60
10ᵉ — —	— —	60
11ᵉ — —	Sable et roches	45
12ᵉ — —	—	45

TABLE DES MATIÈRES.

AVANT-PROPOS 5

PREMIÈRE PARTIE. — CRUSTACÉS PODOPHTALMAIRES 8

Subordo EUBRANCHIATA Dana.

Tribus BRACHYURA LAMARCK 9

Familia **Oxyrhyncha** M. EDWARDS.

Stenorynchus phalangium Pennant 9
St. longirostris Fabricius 9
Inachus scorpio Fabricius 10
Pisa tetraodon Pennant 10
Maia squinado Herbst.. 10
Eurynome aspera Pennant....................................... 11

Familia **Cyclometopa** M. EDWARDS.

Cancer Pagurus Linné 11
Pirimela denticulata Montagu... 12
Xantho floridus Leach 12
X. rivulosus Risso.. 12
Pilumnus hirtellus Linné 13
Carcinus mœnas Leach.. 13
Platyonychus latipes Pennant 13
Portunus puber Linné.. 14
P. corrugatus Pennant... 14
P. depurator Linné.. 14
P. holsatus Fabricius... 15
P. marmoreus Leach 15
P. arcuatus Leach... 15
P. pusillus Leach... 16

Familia **Catometopa** M. Edwards (suite).

Gonoplax angulata Fabricius 16
Pachygrapsus marmoratus Fabricius 16
Pinnotheres pisum Linné 17

Familia **Oxystomata** M. Edwards

Ebalia Cranchii Leach 17
E. Bryerii Leach 17
E. Pennantii Leach 18
Atelecyclus cruentatus Desmarest 18
A. heterodon Leach 18
Corystes dentatus Fabricius 18

Tribus ANOMOURA M. Edwards 19

Familia **Apterura** M. Edwards

Dromia vulgaris M. Edwards 19

Familia **Pterigura** M. Edwards.

Pagurus Bernhardus Linné 19
P. Prideauxi Leach 19
P. Hyndmanni Thompson 20
P. laevis Thompson 20
P. cuanensis Thompson 20
P. misanthropus Risso 21
Porcellana platycheles Pennant 21
P. longicornis Pennant 21

Tribus MACROURA Lamarck 22

Familia **Loricata** M. Edwards

Galathea strigosa Linné 22
G. squamifera Leach 22
G. Giardii Barrois 22
Scyllarus arctus Linne 23
Palinurus vulgaris Latreille 24

Familia **Thalassinidae** M. Edwards

Callianassa subterranea Montagu 24
Gebia deltura Leach 25

Familia **Astacidae**

Homarus vulgaris M. Edwards 25
Nephrops norwegicus Linné 25

— 65 —

Familia **Caridae** LATREILLE.

Crangon vulgaris Fabricius	26
C. sculptus Bell	26
Palæmon serratus Pennant	26
P. squilla Linne	27
Virbius viridis Stimpson	27
V. varians Leach	27
Hippolyte Cranchii Leach	28
H. Thompsoni Bell	28
H. Prideauxiana Leach	28
Athanas nitescens Leach	28
Considérations générales	29
Tableau comparatif	32

SECONDE PARTIE. — ÉCHINODERMES ... 34

Ordo **Crinoidae** J. MÜLLER ... 35

Comatula mediterranea Lamarck	35

Ordo **Ophiuridae** MÜLLER et TROSCHEL ... 35

Ophiothrix fragilis O. F. Müller	35
Ophiocoma nigra O. F. Müller	36
Amphiura filiformis O. F. Müller	37
A. squamata Delle Chiaje	37
Ophioderma longicauda Müller et Troschel	38
Ophioglypha texturata Lamarck	38
O. albida Forbes	39

Ordo **Asteridae** BLAINVILLE ... 39

Luidia Savignyi Audouin	39
Astropecten irregularis Linck	40
Asteracanthion rubens Linné	40
A. violaceus Gmelin	41
A. glacialis O. F. Müller	41
Asteriscus verruculatus Müller et Troschel	42

Ordo **Echinidae** LAMARCK ... 43

Echinus melo Lamarck	43
E. sphaera Müller	43
Toxopneustes lividus Lamarck	44
Psammechinus miliaris Gmelin	44
Spatangus purpureus O. F. Müller	44
Amphidetus cordatus Pennant	45

A. ovatus Leske 46

A. roseus Forbes 46

Echinocyamus pusillus O. F. Müller 46

Ordo **Holothuridae** Agassiz 47

Stichopus Selenkae Barrois 47

Holothuria Polii Delle Chiaje 49

Thyonidium pellucidum O. F. Müller 49

Cucumaria doliolum Lamarck 51

C. lactea Forbes 51

C. Lefevrii Barrois 52

Thyone fusus O. F. Müller 53

T. Poucheti Barrois 53

Synapta inhærens O. F. Müller 55

S. digitata Montagu 56

S. digitata, var. Thompsoni Herapath 56

Considérations générales 57

Tableau comparatif 59

Liste des dragages effectués par le *Moustique* 60

EXPLICATION DES PLANCHES.

LÉGENDE GÉNÉRALE.

A. Collier calcaire.

B. Plaque calcaire ventrale, formée par la réunion d'une plaque radiale et de deux interradiales.

Gl. Glandes génitales

L. Muscles longitudinaux.

P. Vésicule de Poli.

S. Canal pierreux.

i. Plaque interradiale.

r. Plaque radiale.

PLANCHE I.

Figures 1 à 7 *Thyone Poucheti.*

Figure 1. *Thyone Poucheti* grandeur naturelle, conservée dans l'alcool.

Figure 2. Anatomie du même animal considérablement grossi ; *o*, bouche ; *a*, anus ; *int.*, intestin; *r*, rétracteurs du pharynx sectionnés ; *pl.*, appareil respiratoire ; *l*, pharynx, fortement contracté ; *D*, partie terminale du corps, dépourvue de pieds.

Figure 3. Plaque calcaire de la peau.

Figure 4. Plaque calcaire de la ventouse terminale des pieds.

Figure 5. Pièces calcaires diverses des tentacules.

Figure 6. Collier calcaire.

Figure 7. Canal pierreux.

PLANCHE II.

Figures 1 à 8. *Cucumaria Lefevrii.*

Figure 1. Collier calcaire : *X*, muscles longitudinaux ; *y*, insertion d'un rétracteur sur une plaque radiale.

Figures 2, 3, 4 et 5.   Divers états des pièces calcaires de la couche inférieure de la peau.

Figure 6.   Plaque longitudinale de la paroi des pieds.

Figure 7.   Plaque en corbeille de la couche supérieure de la peau, vue d'en haut.

Figure 8.   La même, vue de trois-quarts.

Figures 9 à 17.   *Thyonidium pellucidum.*

Figure 9.   Collier calcaire.

Figure 10.   Plaque calcaire de la peau, vue de dessous.

Figure 11.   La même, vue de trois-quarts.

Figures 12, 13 et 14.   Accroissement successif de ces mêmes plaques par l'addition de nouvelles masses calcaires.

Figure 15.   Plaque de la paroi des pieds, vue de profil

Figure 16.   La même, vue de dessous.

Figure 17.   Plaque terminale de la ventouse des pieds.

PLANCHE III.

Figures 1 à 4.   *Stichopus Selenkae.*

Figure 1.   Croissants de la couche supérieure de la peau.

Figure 2.   Grande plaque de la couche inférieure de la peau.

Figures 3 et 4.   Autres pièces calcaires de la même couche.

Figures 5 et 6.   Ancre et bouclier calcaires de la *Synapta digitata, var. Thompsoni.*

Figures 7 et 8.   Ancre et boucliers calcaires de la *Synapta digitata* type, dessinés à la chambre claire, au même grossissement que les précédents.

Figures 9 à 17.   *Cucumaria doliolum* (d'après Sars.

Figures 9 et 10.   Pièces calcaires des pieds.

Figures 11, 12, 13, 14 et 15.   Plaques de la couche inférieure de la peau.

Figures 16 et 17.   Plaques de la couche supérieure de la peau.

Lille Imp. L. Danel.

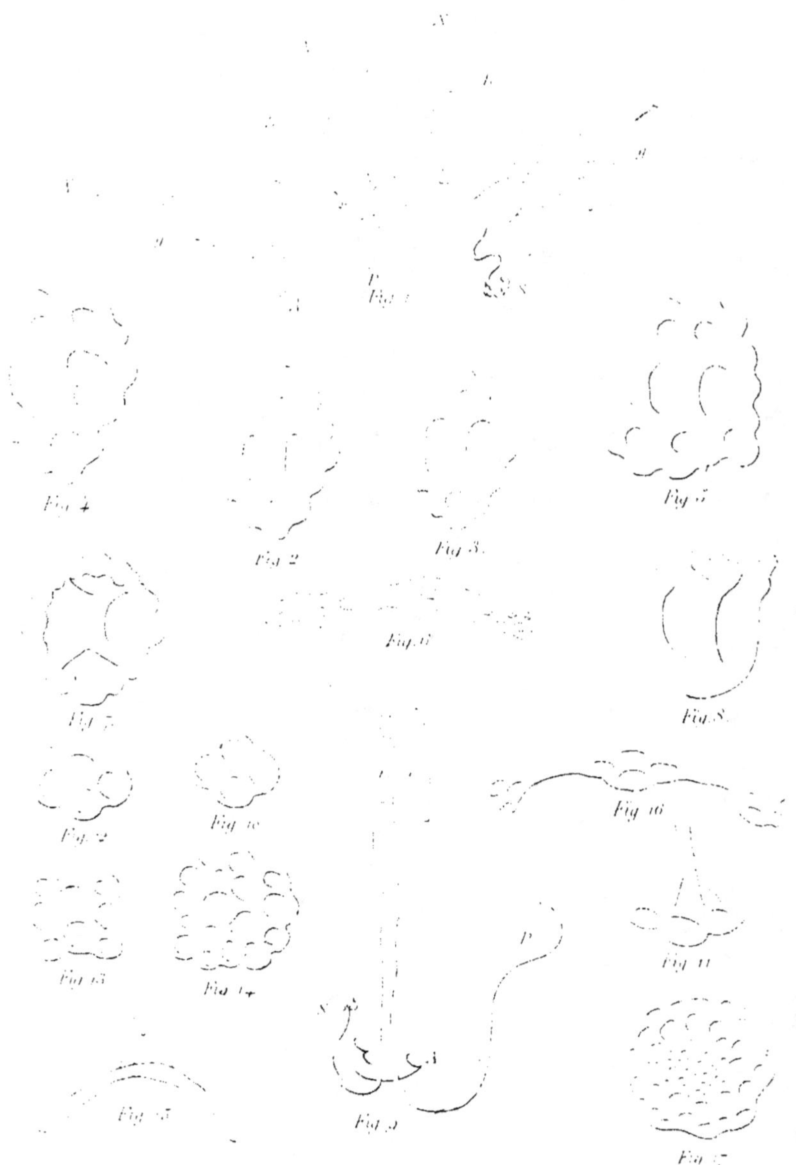

Fig. 3
Fig. 4
Fig. 2
Fig. 1
Fig. 5.
Fig. 6
Fig. 9
Fig. 7
Fig. 8
Fig. 10
Fig. 11
Fig. 12
Fig. 13
Fig. 14
Fig. 15
Fig. 16
Fig. 17

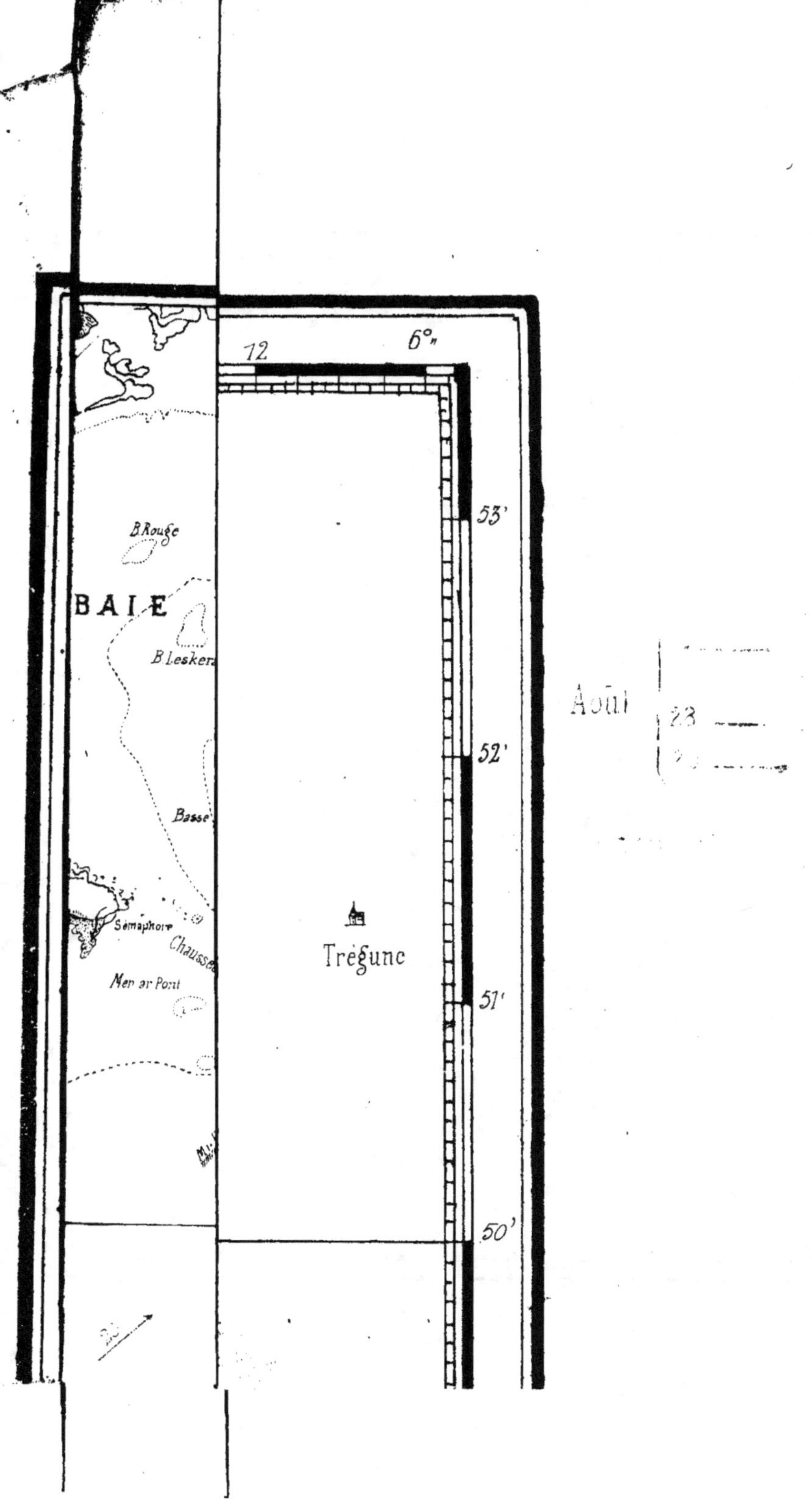

12
6°"
53'
52'
51'
50'
B.Rouge
BAIE
B.Lesker
Basse
Sémaphore
Chaussée
Mer ar Pont
Trégunc
Août
23

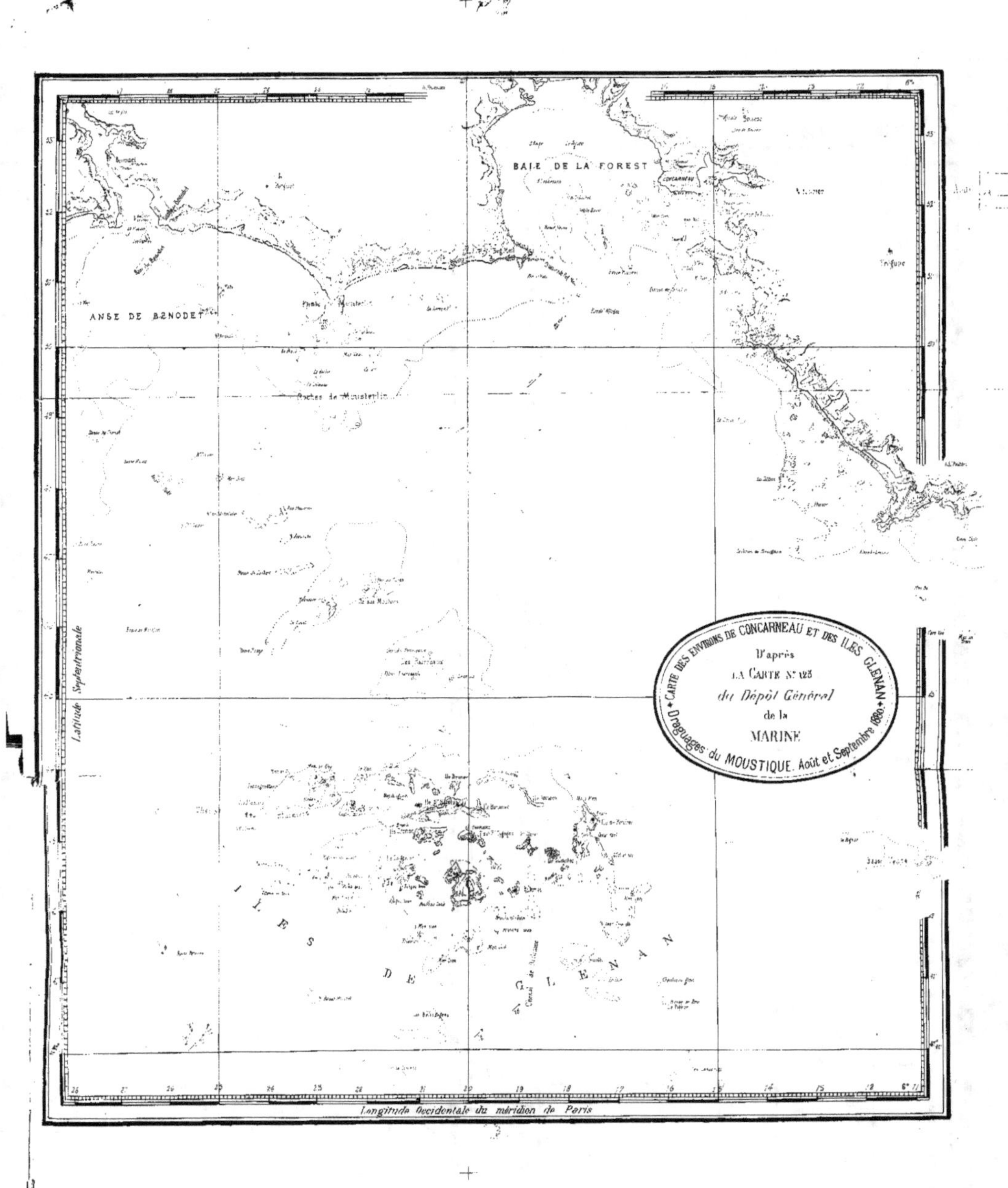
BAIE DE LA FOREST
CONCARNEAU
ANSE DE BENODET
Roches de Mousterlin
ILES DE GLENAN
Latitude Septentrionale
Longitude Occidentale du méridien de Paris
CARTE DES ENVIRONS DE CONCARNEAU ET DES ILES GLENAN
D'après
LA CARTE N° 125
du Dépôt Général
de la
MARINE
Draguages du MOUSTIQUE. Août et Septembre 1880.

9 782329 695341